光场成像技术与设备

关鸿亮　段福洲　著

科学出版社

北　京

内 容 简 介

本书系统地介绍了光场成像的发展与现状，通过对比光场相机的成像特点阐述了不同的检校方法；在光场相机的重聚焦和全聚焦方面论述并对比了不同算法的特点；在论述基于成像一致性的深度检测算法基础上，分析并对比了不同主流算法的效率和效果。在光场相机不断发展的基础上，虚拟现实、智能驾驶、工业检测等应用也在最后一章给出了示例和展望。

本书适合从事光场相关研究的研究生及从事相关研发工作的工程师作为相关研究与开发的参考书目，也较适合希望了解光场相关知识的读者阅读。

图书在版编目(CIP)数据

光场成像技术与设备 / 关鸿亮，段福洲著 . —北京：科学出版社，2021. 8

ISBN 978-7-03-069513-0

Ⅰ. ①光… Ⅱ. ①关… ②段… Ⅲ. ①光学测量 Ⅳ. ①TB96

中国版本图书馆 CIP 数据核字（2021）第 155999 号

责任编辑：刘 超 / 责任校对：樊雅琼

责任印制：吴兆东 / 封面设计：无极书装

科学出版社 出版

北京东黄城根北街 16 号

邮政编码：100717

http://www.sciencep.com

北京虎彩文化传播有限公司 印刷

科学出版社发行 各地新华书店经销

*

2021 年 8 月第 一 版 开本：720×1000 1/16

2022 年 6 月第三次印刷 印张：9 3/4

字数：200 000

定价：138.00 元

（如有印装质量问题，我社负责调换）

前　言

光场成像是与摄影成像、数字图像处理和计算机相关的一门技术，最早的光场摄影的技术出现于20世纪90年代，由于硬件设备的限制，早期的光场成像多是由单个相机设备在不同角度所拍的图片进行合成得到。随着摄影和计算机硬件设备的发展，以及智能感知、物联网、大数据等概念的提出，数字图像处理技术的需求与日俱增，光场技术也随之在这30年来迅猛发展，从合成光场到编码掩膜光场，以及现在广泛使用的微透镜阵列光场。相较于传统摄影设备和早期的光场设备，现在的光场成像设备一次拍摄不仅可以得到一幅全聚焦图，同时还可以获取不同角度的场景信息。光场摄影现在还处于不断完善的阶段，由于多方面的限制，比如研发的时间短，硬件十分有限，所以相比常规的数码相机在图像解析力等方面还是比较落后的。在未来的时间里，随着越来越多的研发人员的不断研究尝试以及电子感光元件的不断升级，光场摄影会取得更大的进步。

本书介绍了光场的理论概念及其发展应用，阐述了人类是怎么通过技术手段来记录光场，又是如何利用光场的。本书较为全面地总结了国内外光场成像的研究现状，论述了重聚焦、深度检测等主流的技术方法。同时本书也介绍了作者团队研制了“亿级像素光场相机”，并在此基础上开展的一些应用。本书适合从事相关研究的技术开发人员，也较适宜于相关专业的研究生作为参考书目。

本书在撰写过程中，左颖、钱程远、武臣博、郭方浩等参与部分章节的撰写，连志阳、王晨、赵松等参与了后续的修改，苏文博、徐玲丰、孟祥慈等的学位论文的部分成果也成为本书的重要内容。由于作者学识有限，难免挂一漏万，望读者批评指正。

作　者
2021年6月

前言

目　　录

第 1 章　光场成像概论

1.1　传统光学相机理论与发展

人类通过眼睛来观察世界，后来科学研究发现眼睛就是一个成像系统的组成部分。光线通过视网膜和神经来成像并传导到大脑中存储。通过成像的方式来记录世界是人类的本能，人体本身就是一个复杂的成像系统。人的眼睛就是这个复杂成像系统的“镜头”，大脑就是“机身和后背”。不同于语言和文字，影像能够直观形象地记录现实世界。对现实世界中的物理对象进行成像，是人类不断探索和记录现实世界的基础需要。因此，人类也在不断发展能够成像的技术设备。相机是人类最常见的也是最传统的成像设备，其自身在不断地演变和发展。在 2000 多年前，墨子进行了第一次小孔成像的实验。在近代，牛顿又应用光是沿直线传播的这一基本理论，给出了小孔成像模型，但小孔成像模型并没有导致第一台光学相机的产生。基于斯涅尔定律逐步发展起来的透镜成像模型，给相机的诞生提供了理论模型的基础。世界上第一台光学相机诞生于 1839 年，法国画家达盖尔以自己发明的底片和显影技术，结合哈谢尔夫发明的定影技术和维丘德发明的印相纸，发明了银版照相机。这台照相机由两个木箱组成，将一个木箱插入另一个木箱中进行调焦，用镜头盖作为快门控制曝光时间，就可以拍摄出清晰的图像（图 1-1）。

图 1-1　达盖尔和他发明的照相机

19 世纪，光学相机迎来了一个快速发展的时代。1841 年，沃哥兰德发明了世界上第一台全金属机身的照相机，该照相机还安装了世界上第一只最大相对孔径为 1/3.4 的镜头。1845 年，马滕斯发明了世界上第一台可以遥控拍摄人眼整个视角的全景照相机。值得说明的是，全景这个词最初指的是能够覆盖整个人眼视角（约 150°）的取景范围，但现在由于技术的发展，360°的影像都已经成为一种常见的影像形式。1849 年，布鲁斯特发明了立体照相机和双镜头的立体观片镜。1899 年，迪奥隆和勒旭额尔发明了世界上第一台彩色照相机，至此，拍摄景物进入了彩色时代。

普通相机一般是利用透镜光学成像原理形成影像，并使用感光元件记录影像。相机的进步可以从相机和镜头结构两条线来论述。最早的光学相机结构非常简单，仅仅包括暗箱、镜头和感光元件。随着科学技术的快速发展，相机发展成为了一种结合光学、精密机械、电子技术和化学等技术集成的复杂产品，组成结构也变得较为复杂。主要包括镜头、光圈、快门、取景器等重要组件。镜头已经从单一的透镜发展成透镜组，使得所拍摄景观在焦点平面上形成清晰的影像。光圈用于控制光线透过镜头进入机身内感光面的光量，通常在镜头内。光圈控制了汇聚经过镜头的光量，因此，实际的通光孔径随着光圈的有效孔径的改变而改变。快门则控制着光线在感光片上停留时间的长短。取景器用于确定被拍摄景物的范围以便进行拍摄构图，现代照相机的取景器通常还带有测距、对焦等功能。20 世纪初，光学相机迎来了外形和体积上的大变革。1905 年，美国柯达公司发明了折叠便携式照相机，受到了大众的热烈欢迎。1928 年，世界上第一台双镜头反光照相机由德国弗兰克和海德克公司推出。与此同时，照相机的性能也在逐步提高和完善，光学取景器和测距器等被广泛应用在照相机上，机械快门的调节范围不断扩大，黑白感光胶片的感光度、分辨度和宽容度不断提高，彩色感光片也开始被广泛应用。但是，感光片是一种不易于使用、不实时、需要时间处理的成像物质。和人眼这个所见即所得的成像系统相比，显然还有较大的差距。随着数字技术的发展，特别是感光元件的出现，相机从模拟相机时代向数码相机时代迈进。

感光元件是光学相机的核心组成部分，21 世纪前，相机的成像载体一般是感光胶片，尽管制作工艺和材料经历很多进步，但胶片不能实时成像，必须经过后续系列步骤才能得到采集的影像。电荷耦合元件（charge-coupled device，CCD）或互补金属氧化物半导体（complementary metal-oxide semiconductor，CMOS）等感光电子元器件的出现革新了传统光学相机的成像和使用方式，数字、实时、非消耗成为数码成像的主要特点。电子感光元器件的面积大小与像素大小成正比。数码成像的彩色形成和胶片通过感光物质的方式不同，采用的是一种称为 Bayer 真彩色成像的方式。电子感光元件中的每个像素传感器都是一个探测器，Bayer 真彩色成像在整个电子感光元件在覆盖一层颜色滤波阵列（color filter array，CFA），通过这种滤光设备，每个像素只接受到红、绿、蓝（red，green，blue，RGB）波段中的某一个波段的能量，其排列方式如图 1-2 所示。所以，覆盖一层 Bayer 颜色滤波阵列保证了每个像素只保留一个颜色成分。每个像素除自己接收的波段信息外，其他两个波段的信息是通过邻近相关相同波段插值形成。这样每个像素的 RGB 值其实包括两个来源，一是 RGB 中的某一个波段是自身接收的；二是 RGB 中其他的两个波段是通过邻近像元相同波段信息插值而来。

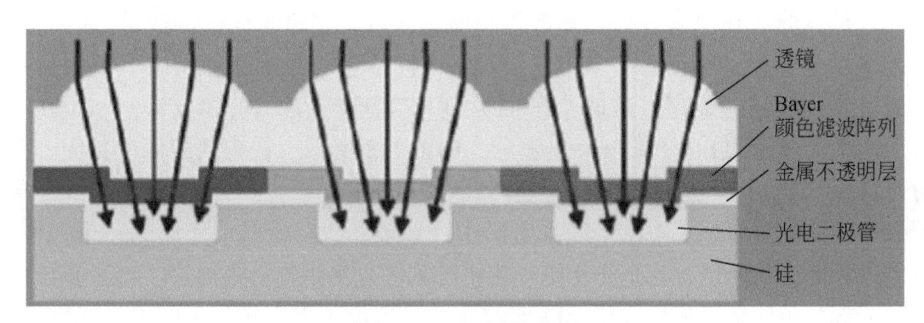

图 1-2　CCD 结构示意

1.2　光场理论起源与发展

普通相机成像的基本过程就是物方的物体发出（或反射出）的光经过相机的透镜组后聚焦到成像平面上。由于一旦固定各个成像参数后，光线能够聚焦到成像平面上就能成像清晰，否则就模糊。产生这一现象的主要原因是我们记录的成像结果是某一个物体发出的光线聚焦积分的结果。那么，自然就产生一个假设，如果记录的是物体发出的光线，而不是多个光线聚焦积分的结果，那么就可能把这些光线按照需要聚焦到不同的成像平面上，也就是物体的成像清晰程度是由事后需要决定的，而不是成像前的设定决定的。在光场概念范畴中，认为物体反射的光线充满了整个像方空间。记录了这些光场，就是记录了由光线形成的空间。

光场（light field）的理论最早于 1936 年由 Gershun 提出，Gershun 认为光场和其他的物理场具有相似的属性特征（Gershun et al.，1939）。Gershun 用空间光线的辐照度的空间分布来描述光场，这是光场的最初理论。Gabor（1948）利用两束相干光线，获得了第一张全息图，这张全息图不仅记录光线在二维成像面上的积分，还记录了包含位置和方向信息的光线辐射，一定程度上，这是第一张光场图像。Adelson 和 Bergen（1991）根据人眼对光线视觉感知的特性，提出用七

维函数 $P(x, y, z, \theta, \varphi, t, \lambda)$ 来表征空间中的几何光线，其中 (x, y, z) 为光线中任意一点的三维坐标，(θ, φ) 为光线的传播方向，λ 为光线的波长，t 为时间，七维函数又称之为全光函数（plenoptic function）。由于全光函数过于复杂，倘若只考虑光线在空间中的传输，光线的波长和发射时间一般不会发生变化，因此 McMillan 认为任意时刻的空间光线可以由五维坐标 $(x, y, z, \theta, \varphi)$ 来表示（McMillan and Bishop，1995）。为了更进一步地对全光函数进行简化，Levoy 和 Hanrahan（1996）将五维的全光函数降为四维，并且提出光场渲染理论和双平面模型来描述静态的可见光。双平面模型利用两个互相平行的参数化平面表示四维光场。假设光线在没有遮挡物和散射介质的区域，忽略光线在传播过程中波长和时间维度的变化，则任意一个包含位置和方向信息的光线都可以用双平面参数来表示，空间中的光线穿过这两个平面分别相交于点 (u, v) 和点 (s, t)，光线即可用四维光场函数 $L(u, v, s, t)$ 表示，如图 1-3 所示。在光场成像设备中，我们可以认为 (u, v) 表示光线与微透镜阵列的交点坐标，(s, t) 表示光线与 CCD 传感器探测面的交点坐标。在整个四维空间中，一条光线对应整个光场的一个采样点。四维光场理论的出现，为全光相机、相机阵列等光场采集设备提供了理论基础。现行的大部分单体全光相机和相机阵列的光场采集设备大多是基于四维光场理论的。关于光场采集设备，后面的章节将有进一步论述。

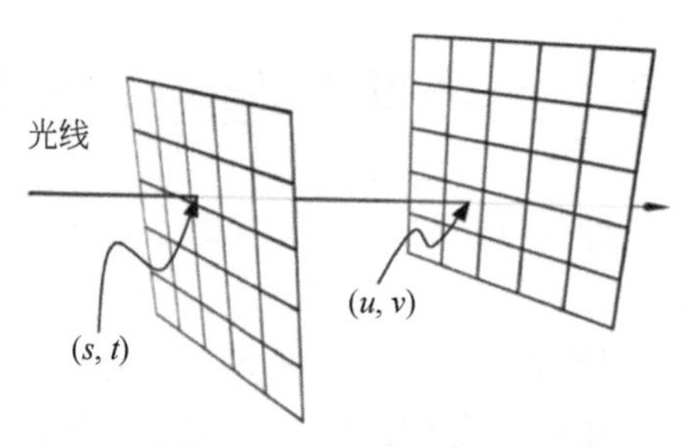

图 1-3　双平面模型

1.3　光场采集设备演变

传统光学相机的成像方式是所见即所得，光场成像作为一种计算成像方式，与传统成像方式有所不同。光场成像方式所得的光场需要经过相应的数字化处理才能得到图像。因而，光场成像的过程其实包含着光场数据的采集和光场数据的处理两个部分。从结构上可以将光场的采集设备划分为两种，一种是全光相机，全光相机是指在单个相机中加入特殊的光学器件，例如微透镜阵列，形成透镜阵列和 CCD（或 CMOS）两个参考平面，每一个微透镜捕获光线在主透镜处的所有角度分布。另一种是相机阵列，将数十个甚至几百个普通相机形成阵列，起到了微透镜进行角度采样的作用。但其实还有其他不同的方式，即通过这些方式，采集到不同角度的、或者能够分离出不同角度的影像，经过事后处理，形成四维光场的组织形式，我们可以把这些方式称之为合成光场。

在相机阵列出现之前，人们一般将传统单体相机安装到机械移动装置当中，通过调节机械装置来完成对目标场景不同视角图像的采集。较为有代表性的机械装置包括 Levoy 和 Hanrahan（1996）设计的移动机械臂和 Isaksen 等（2000）设计的可以用计算机控制的二维移动平台。Levoy 等将传统单体相机安装到移动机械臂上，通过调节移动机械臂来移动相机，多次曝光来获取目标场景不同视角的图像（图 1-4）。

图 1-4 移动机械臂采集光场方式

资料来源：Levoy，1996

然而采用移动机械臂或者二维移动平台这些方式采集光场都需要耗费一定的时间，并且仅能够拍摄静态物体，为了弥补这一缺陷，多相机组合法采集光场的方式应运而生。多相机组合法采用多个传统相机组成相机阵列的方式，形成由多个镜头投影中心组成虚拟投影参考平面，以及多个 CCD（或 CMOS）组成的虚拟成像平面。同时通过采用多个相机的方式来获取目标场景中同一点处不同视角的光线辐射强度，每个相机拍摄的图像可以看作是光场在不同角度的采样图像。比较有代表性的相机阵列是 Yang 等（2002）和斯坦福大学的 Wilburn 等（2005）设计的相机阵列。Yang 等（2002）设计的相机阵列采用 8×8 的矩阵结构，包含

64 个相机可以同时获取目标场景 64 个视角的图像（图 1-5）。

图 1-5　Yang 等设计的相机阵列

资料来源：Yang et al.，2002

Wilburn 等人在对大型相机阵列的光场采集方式进行了系统性的研究之后，针对不同场景设计出了多种不同配置的相机阵列。这些相机阵列严格把控各个相机的时间同步精度和相对位置精度，进而从时间和空间上对光场进行更为精确的处理，以期能够获取更高质量的合成图像（图 1-6）。

图 1-6　斯坦福大学 Wilburn 等设计的相机阵列

资料来源：Wilburn et al.，2005

相机阵列各子相机之间的距离不同，整个相机阵列就有不同的用途。当所有的相机之间的距离比较小时，整个相机阵列可以看作一个单目相机。这时整个相机阵列可以获得超高分辨率、高信噪比、高动态范围的照片。当所有的相机之间的距离处于中等尺度时，整个相机阵列可以看作是一个拥有合成孔径的相机。每个相机作为一个部分进行采样，整个相机阵列可以等效为一个具有更大光圈数的大孔径相机，这个相机能透过树枝或者人群看到被遮挡物体的表面。当所有的相机之间的距离很大时，整个相机阵列可以看成一个多目相机，此时可以得到物体的多视角信息，可以利用获得的多视角信息构建全景照片。

1.4 全光相机与光场采集

相机阵列方式采集光场大量增加了成像过程中的视角信息和可采集范围，基于此种方式来采集光场，在焦点选择和景深调节方面也具有更高的自由度和灵活性，非常适用于多层次景物的采集，成为了隐藏目标动态监测和跟踪的重要手段。然而，相机阵列想要获取高质量的光场数据，必须精确控制每个相机的曝光时间和每个相机之间的相对位置。同时，由于相机阵列一般由几十台或者几百台相机组成，加上电源和控制系统，其体积一般较为庞大，且不易移动。如果再考虑相机的同步性能的限制，这种光场采集设备一般用来采集静止或者缓慢移动的场景，同时要求场景在特定的区域，如上海科技大学的光场穹顶系统等。单体光场相机，也称之为全光相机（plenoptic camera），其形状、体积、操作和普通相机相似。因此全光相机可以提供类似的普通相机的便携性、高帧等特性，能够按照要求采集动态、普遍场景的光场，具有更高的适用性和应用价值。

1992 年，Adelson 和 Wang 提出了一种全光相机模型。全光相机主要是在传统相机的基础上加入了微透镜阵列这一特殊的器件，每一个微透镜捕获光线在主透镜处的所有角度分布（图 1-7）。每个微透镜后面对应到传感器上的若干像素称为宏像素（macropixel），每个宏像素的坐标代表目标场景某一点的位置，而宏像素对应传感器上的每个像素代表该位置不同视角的信息。

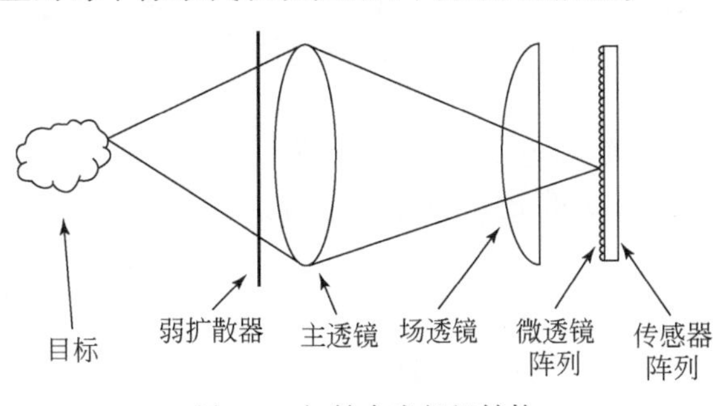

图 1-7　初始全光相机结构

但是，在 Adelson 等人最初设计的全光相机中，微透镜阵列的焦距非常小，受限于当时的工艺水平，成像传感器一般很难准确位于微透镜的焦平面上，为此，Adelson 和 Wang（1992）采用了一个中继镜头进行过渡，利用中继镜头将微透镜焦平面上的像转移到传感器上。但加入中继镜头会产生渐晕效应，因此又在微透镜焦平面上加入了一片毛玻璃进行匀光补偿。改进后的全光相机可以从拍摄图像的每个宏像素中提取出对应位置的像元，即获得不同视角下的目标图像，还可进一步提取出目标的深度信息（图 1-8）。

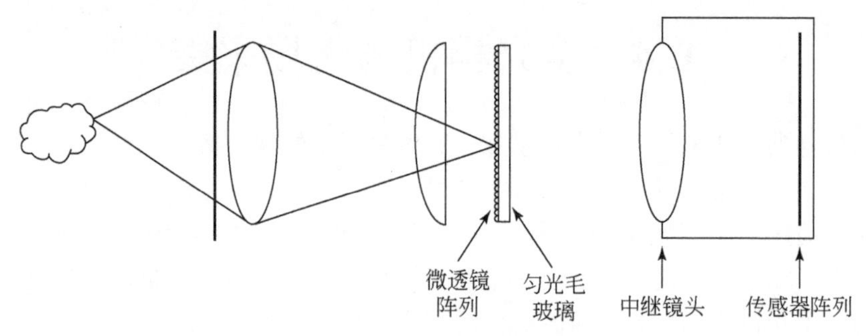

图 1-8　改进后的全光相机结构

但显然，这种解决问题的方式加大了全光相机的光路复杂性、降低了成像质量、增加了全光相机的体积，降低了全光相机的使用性能。鉴于此，Ng 等（2005）进一步简化了全光相机的结构，通过特殊的结构设计去除了中继镜头和场透镜，直接将传感器芯片安装在微透镜的焦平面上，消除了由中继镜头带来的渐晕效应，也大大缩小了全光相机的尺寸（图 1-9）。

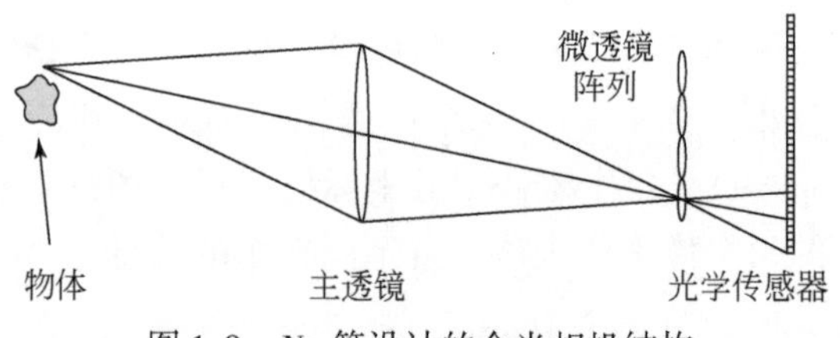

图 1-9　Ng 等设计的全光相机结构

此外每个微透镜的像素均覆盖了若干个像元。对像素进行重新排列后就可以得到四维光场矩阵，将四维光场进行积分叠加，就可以获得不同深度的对焦图像。

2011 年，根据 Ng 等（2005）的设计，Lytro 公司发售了世界上第一款消费级光场相机 Lytro，标志着光场相机的正式诞生。第一代 Lytro 相机只有 1100 万像素，分辨率较低。三年后，Lytro 公司提升了第一代 Lytro 光场相机的感光元件、计算性能，并增添无线传输功能，同时将分辨率提升到 4000 万像素，推出了第二代光场相机 Lytro Illum2（图 1-10）。

图 1-10　两代 Lytro 相机

随后，德国 Raytrix 光场相机诞生，这也是当时全球唯一在售的工业级光场相机。其基本构成与 Lytro 光场相机类似，不同之处在于 Raytrix 的微透镜阵列中含有三种不同焦距的微透镜。Raytrix 公司在售光场相机主要有 R5、R29、R42 等，其中 R42 型号的光场相机可以获得 1000 万像素的子孔径图像（图 1-11）。目前，Raytrix 公司使用其研发的光场相机已经实现了元件检测、光场显微、流体图像测速、植物生长监控、人脸识别等应用。

图 1-11　Raytrix 公司的 R42 光场相机

全光相机相对于相机阵列来说，能够通过一次曝光来直接采集光场，其体积小，且轻便易携，更符合日常生活的需求。但其最大的缺陷在于其空间分辨率与角度分辨率相互限制，导致其空间分辨率远远低于传统光学相机。如 Lytro Illum2，其获取的光场数据能够解码出 15×15 幅不同视角的图像，但每幅图像的空间分辨率为 541 像素×434 像素，远低于原始传感器的大小。

除了相机阵列和全光相机这两种直接采集光场的方式外，学者们也在探讨利用各种不同的采集方式来合成光场。Liang 等（2011）提出了一种利用编程孔径相机，通过多次曝光的方式来对主镜头上的子孔径进行采样来记录光场，每次在曝光时只让特定子孔径位置的光线传播到传感器上，采用二值编码的方式来选择子孔径（图 1-12）。利用可编程孔径相机采集到的光场与原始传感器的空间分辨率一样，但是这种方式牺牲了曝光时间，多次曝光也会造成庞大的数据量，造成额外的负担。

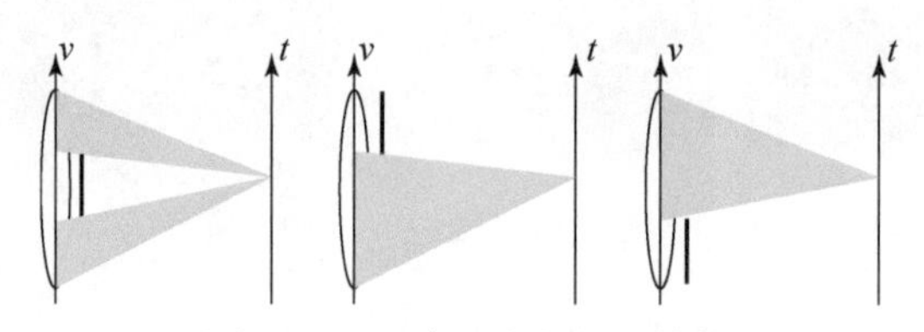

图 1-12　可编程孔径相机结构

当然，通过结构光、深度采样等方式也能够合成光场，本书在下面章节将有关于深度采样合成光场方面的介绍，其他合成光场的内容可以根据参考文献了解更深的内容。

综上，现有的光场采集方式主要是通过相机阵列或全光相机对光线进行角度采样来记录光场，但这两种方式都存在着一定的缺陷。相机阵列体积庞大，造价昂贵，想要采集目标场景更多的信息也需要成百上千个普通相机，且难以操作。全光相机虽然从外形上看和普通相机类似，但其内部微透镜的加入使得其采集的光场空间分辨率和角度分辨率相互限制，使得其获取的子孔径图像的空间分辨率远低于普通相机。

不同的光场采集设备通过不同的技术方案和数据处理方式，按照不同的应用场景需求，不断突破各种技术方法，在几何检校、深度检测、光场拼接、软硬件集成方面都有较大的进展，不断克服各类光场采集设备的限制，取得不同的应用效果。

参考文献

Adelson E H, Bergen J R. 1991. The plenoptic function and the elements of early vision. Computational Models of Visual Processing, (1): 3-20.

Adelson E H, Wang J Y A. 1992. Single lens stereo with a plenoptic camera. IEEE Transactions on Pattern Analysis and Machine Intelligence, 14 (2): 99-106.

Gabor D. 1948. A new microscopic principle. Nature, 161 (4098): 777-778.

Gershun A, Moon P H, Timoshenko G. 1939. The light field. Mathematics and Physics, 18 (1-4): 51-151.

Isaksen A, McMillan L, Gortler S J. 2000. Dynamically reparameterized light fields. Proceedings of

27th annual conference on Computer Graphics and interactive techniques. New York: ACM Press/ Addison-Wesley Publish Co.

Levoy P M, Hanrahan P. 1996. Light Field Rendering. Proceedings of the 23rd Annual Conference on Computer Graphics and Interactive Techniques: 31-42.

Liang C K, Shih Y C, Chen H H. 2011. Light Field Analysis for Modeling Image Formation. IEEE Transactions on Image Processing A Publication of the IEEE Signal Processing Society, 20 (2): 446-460.

Mcmillan L, Bishop G. 1995. Plenoptic modeling: an image-based rendering system. Proceedings of 22nd annual Conference on Computer Graphics and Interactive Techniques: 39-46.

Ng R, Levoy M, Bredif M. 2005. Light field photography with a hand-held camera. Stanford Computer Science Tech Report CSTR, (2): 1-11.

Wilburn B, Joshi N, Vaish V, et al. 2005. High performance imaging using large camera arrays. ACM Transactions on Graphics (TOG), 24 (3): 765-776.

Yang J C, Everett M, Buehler C, et al. 2002. A Real-Time Distributed Light Field Camera. Eurographics Workshop on Rendering, (2002): 77-86.

第 2 章　全光相机检校理论与方法

受制造工艺的影响，传统光学相机和光场相机在长期使用过程中受温度、震动等不同因素的影响，实际光路和标称值总是有些差异。在对几何精度较高的一些应用中，如深度检测、三维建模等，一般会对传统光学相机和光场相机的各个参数进行真实值测量，如对传统光学相机的焦距、光轴中心点坐标等内方位元素进行标定。在辐射精度较高的一些应用中，如精细纹理成像、定量反演等应用中，一般会对传统光学相机的颜色偏差、渐晕等影响影像颜色与真实观测对象颜色的偏差进行校正，以期实现观测对象的影像和真实颜色一致。测量校正或者补偿参数是实现这个目的有效手段。我们一般把这种测量传统光学相机或者光场相机的几何辐射补偿或校正参数的过程称之为传统光学相机检校或光场相机检校。传统光学相机是由一系列光学和电子元件构成，理论上，一般要求光轴垂直于成像平面，并通过成像平面的中心，根据薄透镜成像模型，在成像瞬间，焦距是固定。在成像色彩方面，理论上要求能够对成像对象的色彩进行真实的反映。但是，受机械装置、成像元件等的影响，总是存在着偏差。总体上看，一般认为这种偏差分为几何误差和辐射误差。通过事后的各种不同的方式获取这些参数的真值就是相机检校的过程。当然，全光相机的成像光路更为复杂，其检校方法较为复杂。本章，我们首先介绍传统光学相机的经典检校算法，通过这些经典方法的改进，解决光场相机的检校问题。为了有效区分传统光学相机和光场相机的不同，在下文中我们一般称传统光学相机为光学相机，称单体光场相机为全光相机。

2.1　传统光学相机检校理论与方法

2.1.1　传统光学相机的成像原理

传统光学相机利用光学成像原理形成影像，并使用感光元件记录影像（Heinze et al.，2016；Bok et al.，2017）。如图 2-1 相机的基本组成所示，光学相机的基本组成部分包括镜头组、快门和感光元件等。镜头组让所拍摄景物在焦点平面上形成清晰的影像，也就是汇聚经过镜头的光线，实际的通光孔径随着光圈的有效孔径的改变而改变。光圈系数（f）表示有效孔径的大小，用公式表示为 f=焦距/通光孔径。快门则控制光线在感光片上停留的时间长短。

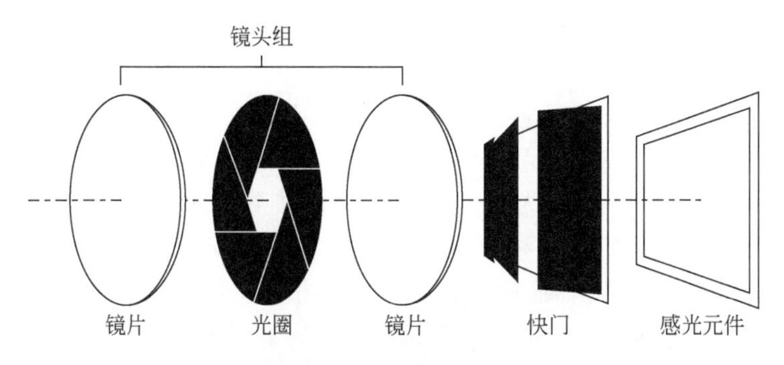

图 2-1　相机的基本组成

传统光学相机的感光元件通常使用的是 CCD 或者 CMOS 传感器，其面积的大小与像素的大小成正比。电子感光元件中每个像素传感器就是一个探测器，其上覆盖一层 Bayer 颜色滤波阵列，每个像素只保留一个颜色成分。

光学相机的工作过程是将光信号转化为模拟信号，快门打开，测距器调整镜头至感光片之间的距离进行对焦，光线通过镜头组进入相机，通过光电效应，把达到感光片表面上的光点都转换为电荷。一段时间后，积累的电荷达到可探测的一定数量时，快门关闭，光信号收集完毕。之后将模拟信号转换成数字信号，模拟信号大小即电荷数量，其与电压的高低成正比，和光的强度成正比，对信号进行放大和滤波处理，把收集的电荷转换成数字信号。最后对数字信号进行一系列的运算处理，将得到的数据还原成影像（Cho et al.，2013）。由于传感器结构和人眼不同，所以在处理过程中还需要进行包括 Bayer 插值、白平衡矫正、矩阵校正等图像处理步骤。最终影像信息被储存在相机中，可供随时调取。

2.1.2　畸变与相机检校的内容

相机的几何畸变主要是成像元件的安装误差或自身性能引起的，主要分为两类。

一类是光学畸变差，主要是镜头本身的非均匀性引起的成像点误差。光学畸变差是指相机物镜系统设计、制作和装配误差所引起像点偏离其正确成像位置的点位误差。光学畸变差包括径向畸变差（radial distortion）和偏心畸变差（decentring distortion）两类。

径向畸变差使成像点沿径向方向偏离其准确位置；而偏心畸变是由于镜头光学中心和几何中心不一致引起的误差，它使成像点沿径向方向和垂直于径向方向都偏离其正确位置。

另一类是制造和安装误差，包括像主点和焦距误差。理论上，镜头虚拟中心面和成像平面是平行的，且主光轴垂直通过两个平面的中心。像主点是指光轴通过成像平面的交点，理论上是成像平面的中心，如果以成像中心为坐标原点，那么原点和像主点应该重合，坐标为（0，0）。但实际上存在一定的偏差，即安装误差，主要表现为两个平面不平行，主光轴不垂直于成像平面等。安装误差包括位置安装误差和指向安装误差。指向安装误差是由于相机靶面（传感器平面）不垂直光轴造成的，此时实际相机坐标系与理想相机坐标系不重合，两坐标系之间相差一个坐标变换。位置安装误差是指实际相机靶面与理想靶面存在一个方位上的平移，主要影响相机的内部参数（等效焦距和像主点），因此对靶面位置安装误差的标定也就是对内部参数的标定。摄像测量以小孔成像模型为基础（也有认为是薄透镜模型），默认主光轴与相机坐标系 Z 轴重合，而当存在指向安装误差时，相机光轴不垂直于靶面，这使得相机坐标系 Z 轴偏离实际光轴，实际相机坐标系偏离理想相机坐标系，测量模型存在误差，影响测量精度。

为了恢复摄影时的光束形状，需要借助内方位元素，为了正确恢复，也必须知晓光学畸变系数。一般相机检校的内容主要也就是要消除以上两点带来的误差。

为此引入像主点坐标和主距概念，相机主距是物镜系统后节点（S）到影像平面之间的垂直距离，其垂足即是主点 O。检校的内容是主距 f 及像主点 O 在像框标坐标系中的坐标（x_0，y_0），如图 2-2 所示。

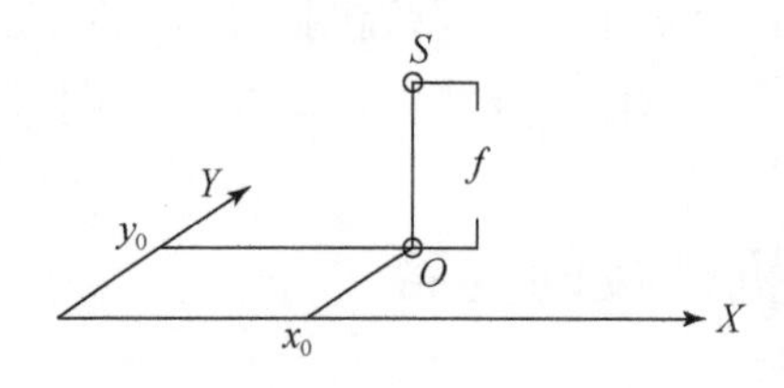

图 2-2　像主点与主距

光学畸变差是指相机物镜系统设计、制作和装配所引起的像点偏离其理想位置的点位误差。光学畸变是影响像点坐标质量的一项重要误差，分为径向畸变差和偏心畸变差两类。在实际应用中，发现偏心畸变和像平面内放射性畸变差对恢复光束并计算结果的影响不大，因此大多只考虑径向畸变差。由几何光学模型可知，径向畸变差一般用奇次多项式表示［式（2-1)］：

$$\begin{cases}\Delta x = (x - x_0(k_1r^2 + k_2r^4 + \cdots)) \\ \Delta y = (y - y_0(k_1r^2 + k_2r^4 + \cdots)) \\ r^2 = (x - x_0)(y - y_0)\end{cases} \tag{2-1}$$

式中，x、y 为对应像点坐标；r 为像点向径；$(x-x_0)$、$(y-y_0)$ 为以像主点为原点并改正了各项误差的像点坐标；$(\Delta x, \Delta y)$ 为物镜畸变差在 (x, y) 方向上的改正数；$(k_1, k_2, \cdots)$ 为径向畸变差系数。

2.1.3 常见的相机检校方法

相机的检校过程其实可以看作是解算不同坐标系转换参数的过程。其基础就是对世界坐标系、相机坐标系、图像坐标系、像素坐标系的之间的转换过程建模。假设相机所拍摄到的图像与世界坐标系中的物点之间存在以下一种简单的线性关系：$\boldsymbol{L}_{像}=\boldsymbol{M}L_{物}$，矩阵 $\boldsymbol{M}$ 可以看成是相机成像的投影模型，求解矩阵中的参数过程就是相机检校。相机检校的目的是求解其二维像点与三维世界点之间的关系，确立空间物点和其像点的精确几何映射关系。相机检校最经典的就是棋盘格法（也称张正友法)。该方法只需要相机拍摄一个平面图案在几个（至少两个）不同方向上的图像。图案可以用激光打印机打印并附着在合适的平面上。无论是相机还是平面图案都可以手动移动，不必知道运动的参数，但是要避免平面图案平行于图像平面。该技术比较灵活，任何人都可以自己制作校准图案，并且设置较简单。在此基础上，学者们也提出并应用了一些更为复杂的室内或者室外检测方法，甚至还有一些应用成像对象的明确几何特征来进行线上检校的方法。目前相机检校方法主要分为实验室方法、基于控制场的方法、无需控制场的方法，以及区域网空三自检校法。相机检校的过程实际上有由影像解算出来的位置、距离、角度等几何关系和成像对象物方的实际位置、距离、角度进行对比变换的过程。因此，进行相机检校一般分为三部分：内参数、外参数及畸变系数的求取。已知物方特征的建立，这种特征建立既有十分简便的方法，如张正友法中的棋盘格（图 2-3)，也有各种不同的较为复杂的检校场。检校场分为室内场和室外场两种，室内场适合近距离拍摄所用相机的检校；室外场则适合远距离拍摄所用相机的检校。

图 2-3　棋盘格检校

典型的室内检校场应具备足够的光线条件，方便在任何时间获取试验所需数据；墙面为白色，以减少影像噪声点的影响（图 2-4）。

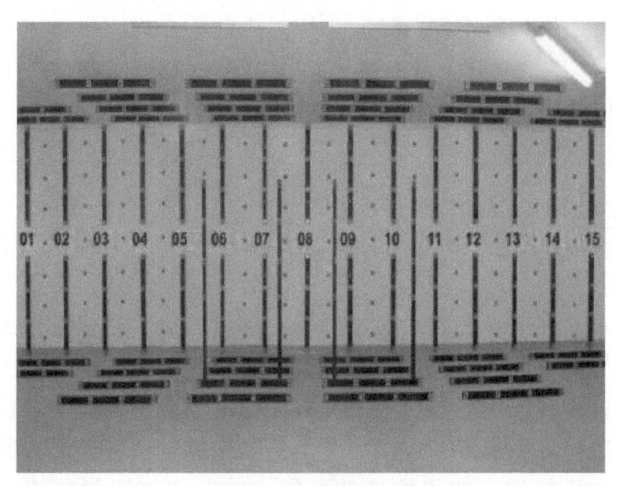

图 2-4　室内检校场

室内检校场墙上或者地上按照固定间距布设标志点，标志的选择应有利于进行图像处理时精确提取像点坐标，而且方便基于全站仪的测角模式进行前方交会获得控制点坐标。如某检测场标志的模板为 80mm× 80mm 的白色方形铁片，中心为直径 40mm 的黑色圆，然后在其近似中心粘贴大小为 10mm×10mm 的反光片。模板材料选择铁片保证标志点的稳定性和耐用性；黑色圆形与白色铁片形成明显反差，利于标志图像的自动识别；反光片保证全站仪准确获取标志点的物方坐标。制作的标志如图 2-5 所示。

图 2-5　标志点

该检测场控制点坐标的量测采用 0.5″级全站仪，采用测回法进行观测，需观测两个测回。考虑到只需获取标志点物方坐标的相对值，故采用相对坐标系法对其进行量测。当然，根据不同的目的、要求和场地限制，检校场组成和类型有很多。不管何种检校场，其实都是为了提供真实已知的特征点，并利用这些已知的特征点建立像点和物点之间的关系来反算世界坐标系到像方坐标系的转换参数，通过转换参数来解算像主点、主距和径向畸变参数等。

无论是棋盘格还是检校场，在获取不同方向和角度的棋盘格或者检校场影像后。相机检校的第二步就是建立影像特征和物方特征之间的转换关系。常见的有直接线性法和 Tsai 两步法。直接线性法（direct linear transform，DLT）研究相机成像和物体之间的联系，建立相机成像几何线性模型，可以求解线性方程来估计线性模型参数。所以较其他标定方法来说容易实现，算法也相对简单。此种方法只要知道物体是怎样转换到图像这一变换关系，而不需要知道相机的其他参数。由于该算法无需内外方位元素的初值，因此特别适用于非量测相机的摄影测量数据处理。它是由共线方程式演绎而来，其基本关系式如下：

$$\begin{cases} x + \Delta x + \dfrac{l_1X + l_2Y + l_3Z + l_4}{l_9X + l_{10}Y + l_{11}Z + i} = 0 \\ y + \Delta y + \dfrac{l_5X + l_6Y + l_7Z + l_8}{l_9X + l_{10}Y + l_{11}Z + i} = 0 \end{cases} \tag{2-2}$$

式中，x、y 为像方坐标；X、Y、Z 为物方坐标；Δx、Δy 为物境畸变差在 x、y 方向上的改正数；i，$l_1 \sim l_{11}$ 为线性系数。根据上式线性化后列出误差方程，进而求出相机的内方位元素和各项畸变参数。直接线性变换方法应用了物点、像点和透镜中心点三点共线的原理，将像点坐标和物点坐标建立简单的线性关系，其优点显而易见，关系简单、计算简洁。但是，其物理意义不清，线性关系不能精确地表明物方坐标系统和像方系统非线性关系，限制了其精度和应用的深入。

Tsai 两步法是另一种常见的建立影像特征和物方特征转换关系的方法。第一步通过直接线性变化建立物方与像方转换矩阵。可以将这种变换看作是由旋转、平移和缩放三次简单变换构成。那么，Tsai 两步法的第一步就是要求取这三次简单变换的转换矩阵。第二步要通过这三个简单的转换矩阵求取相机的主距、像主点坐标和径向畸变参数，也就是利用变换矩阵求解相机参数的过程。在求取过程中，可以先求取主距、像主点坐标，再利用求得的主距、像主点坐标参数作为初始值，再将相机畸变因素加入到成像模型中，利用非线性优化方法进一步提高标定的参数精确度。在该模型中，相机模型包含了镜头畸变参数，畸变参数与线性针孔模型的参数相互依赖。如果系统有所调整，相机的内部参数需重新标定，畸变参数也需要重新标定。

相机的标定的基础是相机模型，对于普通相机而言，将相机设定为小孔模型，利用物点、像点和透镜中心点共线约束。当然，有的也采用薄透镜模型作为成像模型进行标定。全光相机相对于普通相机而言，在原来直接简单的成像光路上增加了透镜进行光线角度采样，所以不能简单地应用小孔模型来作为光场的成像模型。在众多研究中，一般将主镜头光路过程看作是薄透镜模型，将微透镜阵列到成像平面的光路看作是小孔成像。因此，全光相机是薄透镜模型和小孔模型连接模型。下文将介绍全光相机最常采用的成像模型，如 SPC 模型、FPC 模型等。

2.2 全光相机模型

标准全光相机（standard plenoptic camera，SPC）模型是设计一种采集光场的理论模型，它通过复眼代替机械或者电子的手段来实现特定方向的光线成像的方式来采集光场。2000 年，Aaron Isaksen 等人设计了一种由 SPC 模型获得重聚焦图像的距离和深度方法，并且可以直接创建可见的光场。在旁轴近似的基础上，建立了基于线性方程组的光线跟踪模型（同时为了消除旁轴所带来的重复“分区”，在透镜阵列中嵌入阻挡物）完整的透镜阵列系统如图 2-6 所示。通过使用附着在平面显示表面上的复眼透镜阵列，可以通过显示设备的光学器件直接解决用于合成新颖视图的计算。这种基于整体摄影的三维显示，不需要眼睛跟踪或附加到观看者的特殊硬件，并且可以在可变照明条件下同时由多个观看者观看。

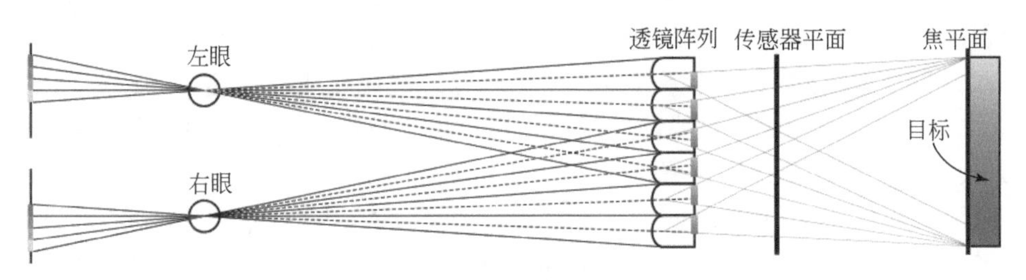

图 2-6　微透镜阵列系统图

Ng 等（2005）利用这个思想，通过在普通相机的传感器前安装了微透镜阵列（micro lens array，MLA）实现了一种更为简洁的方式来采集光场，并提供了更为便携的全光相机设计模型，在研究微距透镜的焦距与微透镜平面和成像平面的距离时，发现焦距与 MLA 到传感器的距离相等时（$b_s = f_s$），这种 MLA 位置提供了最大的角度 u 方向分辨率和最小的空间（s）分辨率。每个微透镜不仅能够测量积分在该位置的光的总量，还测量沿着每条光线到达的光的通量。通过将测量到的光线重新排序到它们在稍微不同的合成相机中的聚焦位置，可以计算聚焦在不同深度的清晰照片。

2009 年，Lumsdaine 和 Georgiev 提出了一种新的渲染技术，采用略有不同的光学设置，从而大大提高了重新聚焦照片的有效空间分辨率。该设备被称为聚焦全光相机（focus plenoptic camera，FPC），也被称为全光相机 2.0（图 2-7）。允许传感器和微透镜阵列（MLA）之间的间距大于微透镜焦距。FPC 包含每个微图像的多个空间样本，因此，FPC 在空间分辨率方面胜过 SPC。但是不可避免地减少了角度采样的数量，无法成功地估计虚拟摄像机的基线。

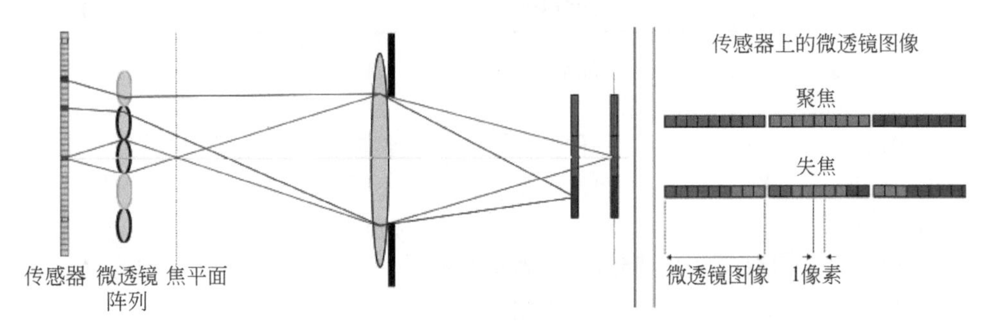

图 2-7　聚焦全光相机内部结构图

2014 年，Hahne 为了能够从硬件上实现 SPC 对于捕获的图像进行合成重聚焦切片，于是根据重聚焦合成理论，提出了光线追踪模型，设计了一种应用现场可编程阵列（field programmable gate array，FGPA）的基于标准全光相机的低成本嵌入式实时重聚焦硬件体系结构（图 2-8），使用了非递归型滤波器（finite impulse response，FIR）过滤器进行最邻近插值，直接从微透镜图像合成重聚焦切片，省去了常用的子孔径提取过程。Hahne 对 1140 像素×720 像素的图像进行计算得到的结果与 FPGA 相匹配。2018 年，Hahne 对 FIR 过滤器进行优化，采用了最邻近插值，通过将上采样因子设为显微图像样本数，补偿了积分投影的分辨率损失。Hahne 对 3201 像素×3201 像素的图像进行处理，所需时间达到了 96.24μs，与之前相比减少了 99.91 % 的延迟，但是此方法有一定的局限性，随着图像的分辨率增加，所需要的处理元素（processing elements，PEs）增加，同时为了保证微透镜图像的一致性，需要对微透镜图像进行预处理。

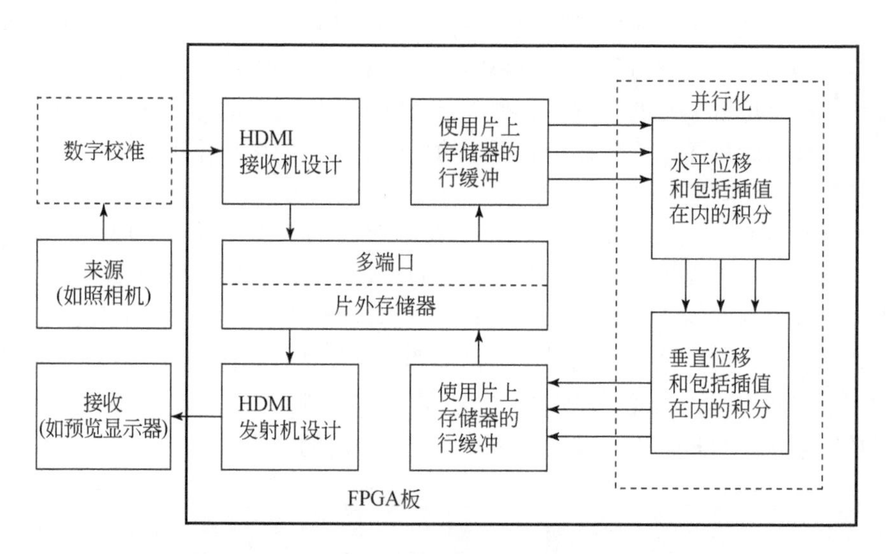

图 2-8　基于 SPC 的嵌入式实时重聚焦系统结构图

2014 年，Hahne 又提出了一种估计由 SPC 获得的重聚焦图像的距离和深度的理论方法，这与之前 Hahne 所提出的嵌入式方法不同，在旁轴近似的基础上，从几何光学的角度出发，建立了基于线性方程组的光线追踪模型（图 2-9），跟踪光线从传感器到目标空间。同时为了满足在水平方向和垂直方向上光学系统是点对称的，即两个维度的光学参数大小相等，因此微透镜阵列的布置必须是方形的（图 2-10）。Hahne 通过选择不同的焦距以及物镜，对重聚焦距离以及子孔径基线和倾斜角的估计值进行实验评估，并于 2016 年逐步完善。Hahne 所提出的模型包含两个新颖之处，一是更精确考虑出射光瞳的 MIC（微透镜图像中心）逼近和计算聚焦的目标平面精确定位。二是仅依赖于跟踪照射在两个相应像素上的光线并在空间中找到它们的交点的想法。这不仅有助于定位距离以重新聚焦对象平面，还可以检测虚拟摄影机在光场中的位置。

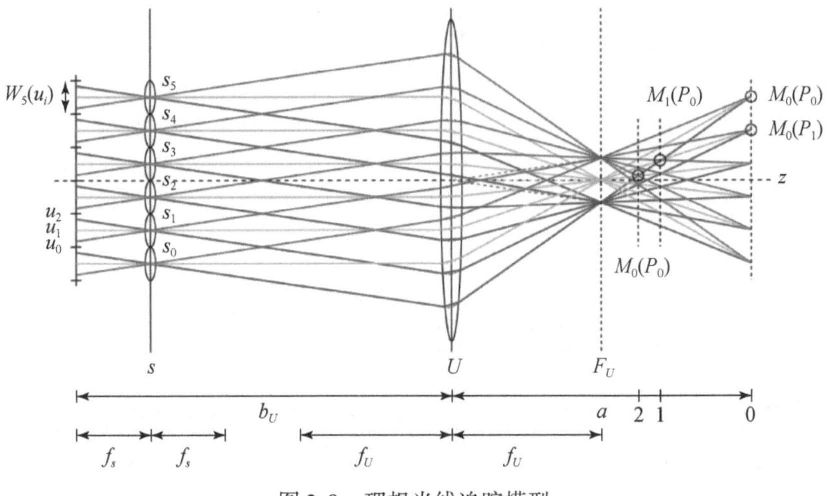

图 2-9　理想光线追踪模型

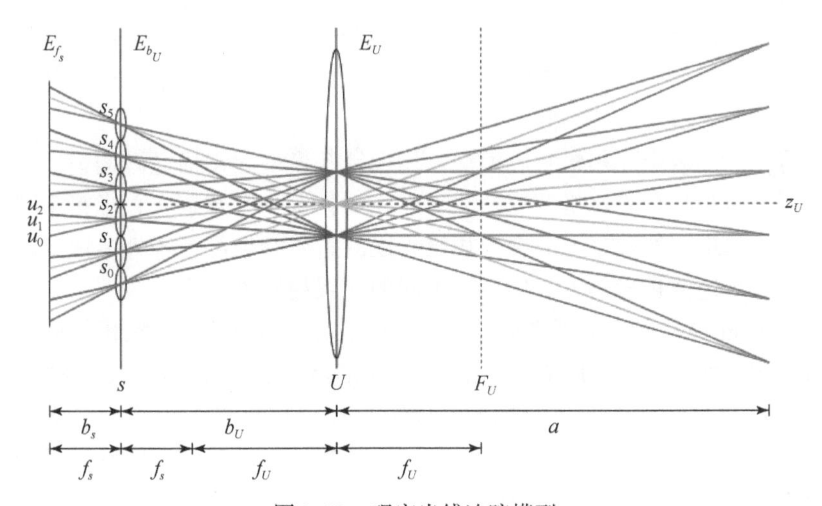

图 2-10　现实光线追踪模型

2.3　全光相机双检校理论与方法

与传统相机不同，全光相机根据双平面模型，在主镜头和传感器之间放置一个微透镜阵列，传感器获得的原始光场数据上所有像素被微透镜阵列划分为多个独立的微透镜图像。微透镜图像中每个像素都对应不同方向的光线，分别代表着目标物体不同方向的成像。通过微透镜的划分，传感器同时记录了二维的强度信息和二维的方向信息，完成对四维光场的数据采集。通过计算，我们可以从光场原始数据中恢复任意视角、任意对焦位置的二维平面图像，通过事后计算成像解决图像由于失焦等引起的模糊问题。应用光场原始数据可以合成子孔径图像（Vaish et al.，2004），去除遮挡物；以及重建三维信息、目标检测、超分辨率重构等。

以上应用的前提是已知全光相机参数，所以对全光相机进行检校是十分重要的工作。

2.3.1 全光相机的参数标定方法

近年来，人们对光场成像的兴趣日益浓厚并已经实现了使用全光相机实现重对焦、深度估计和三维粒子测速等应用，但以上应用的前提是已知全光相机参数，所以对全光相机进行检校是十分重要的工作。

传统相机检校通过焦距、主点、旋转矩阵与平移矩阵等参数描述物点到像点的转换过程。而全光相机通过微透镜与传感器形成的双平面模型记录光线，所以全光相机的检校除了要获得传统检校参数，还要获得微透镜中心点格网，微透镜阵列姿态，微透镜与传感器间距等。

目前，大多数全光相机解码模型，均用针孔模型简化描述微透镜、用薄透镜模型描述主镜头。全光相机获取的双平面光场数据，等效于光心排布于同一平面的传统相机二维图像数据。故全光相机光线的解码结果可理解为多视点图像的合成结果，基于这两种理解方式形成了不同的光线提取方法。

Dansereau 等（2013）最先提出了一套对 Lytro 公司的全光相机解码、标定与矫正的理论。该方法在获取微透镜中心点格网时，使用基于极值的方法，从 Lytro 相机内自带的白图像进行标定。标定与校正相机参考传统相机检校方法中的张正友检校法，首先获得棋盘格的光场原始数据，再对棋盘格原始光场数据进行如图 2-11 所示的旋转、重采样、排布方式修正等预处理，解码光场原始数据得到子孔径图像，从子孔径图像中选取角点特征作为像点，棋盘格的角点作为物点。利用针孔模型和薄透镜模型分别描述微透镜阵列和主镜头，提出了包含 15 个内参数的投影模型。将像点与物点代入投影模型解算全光相机内外参数初值，再引入光线畸变进一步优化参数。

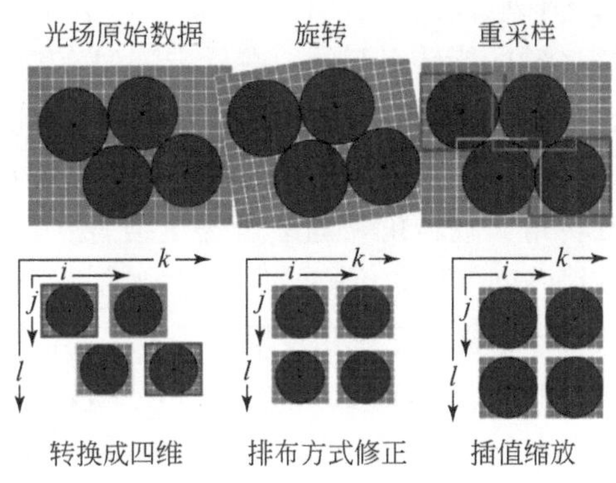

图 2-11　Dansereau 等对光场原始数据的预处理

Dansereau 等（2013）的方法局限在于，该方法没有检校微透镜阵列姿态，仅假设微透镜阵列平面与图像传感器平面相互平行。在描述光线畸变时，仅使用了径向畸变模型。而且该方法从子孔径图像中识别角点作为像点，检校前由于先对光场原始数据进行了旋转、重采样、排布方式修正等预处理，所以实际得到的相机检校参数描述的是预处理后的相机，牺牲了一定精度。

在 Dansereau 等（2013）提出全光相机解码、标定与矫正的理论的同一年，Cho 等（2013）在提取子孔径图像的工作中，进一步说明了使用基于极值的方法标定微透镜中心点格网的详细步骤。先纠正微透镜阵列的旋转，再使用形态学腐蚀操作与抛物面拟合方法得到每个微透镜图像内的峰值亚像素级坐标，以精确定位微透镜的几何中心。Thomason 等（2014）提出了不同的中心点格网标定方法，他们根据 Ng 等（2005）提出的设计方法将 Imperx Bobcat ICL-B4820 型相机改造成全光相机，在标定微透镜中心点格网时，先将相机的主镜头移除再拍摄白图像，透过每个微透镜的光线聚焦到图像传感器上的一个尖锐点，记录该点坐标即得到微透镜中心点格网。国内学者周文晖和林丽莉参考 Dansereau 等（2013）的方法针对 Lytro 相机开展系统研究，给出了一套实现原始光场数据提取、解码、颜色校正、微透镜阵列标定和校正的完整方案，并提出一种基于分数阶傅里叶变换的 Lytro 相机重对焦方法。上述所有标定微透镜中心点格网的方法都需要采集白图像，即一个均匀光线的照明图像，从中标定微透镜中心点格网。而 Xu 等（2014）在解码原始光场图像的工作中，提出了一种仅使用普通光场原始数据标定全光相机微透镜中心的方法。在主镜头光圈孔径合适时，微镜图像间的区域形成稳定的暗区域，在傅里叶域内找到这些暗区域的位置，进而得到微镜图像的中心点格网。

除了检校微透镜阵列各个透镜中心的坐标外，微透镜阵列的姿态，如和成像面的距离、倾斜和旋转角度等。在检校微透镜阵列姿态的相关研究中，Cho 等

（2013）首先提出微透镜阵列旋转参数的标定方法。该方法认为微透镜阵列姿态引起的偏差主要由于绕 Z 轴的旋转引起的。在标定阵列旋转参数时，将光场原始图像转换到频率域内，根据频率极值的坐标估计微透镜阵列的旋转参数。相比于 Cho 等（2013）只标定微透镜阵列旋转参数，Thomason 等（2014）则进一步提出检校微透镜阵列的旋转角、翻转角和侧滚角等三维角度安装误差参数的方法。该方法先推导包含微透镜阵列三维角度安装误差参数的投影模型，再通过拍摄与光轴垂直的已知尺寸的物体，标定三维角度安装参数。然而该方法在标定安装距离时，标定精度受景深影响而误差较大，且实验环境下没有保证标定物的位置和姿态。Xu 等（2014）则通过微透镜阵列的设计参数生成微镜中心的理想坐标，将其与实际坐标之间的仿射变换进行建模，该模型中包括了微透镜阵列的姿态参数与微透镜与传感器的间距，最后通过搜索算法得到最贴近实际微透镜格网的姿态参数。

全光相机是通过光线与相机中的透镜平面和成像平面这两个平行平面的交点来记录光场的，获取准确的透镜平面中每一个透镜和成像平面中透镜对应的传感器的关系是光场成像模型中最基本也是最重要的参数。和传统相机相比，除了主镜头的径向和非径向的光学畸变外，全光相机还存在深度畸变。为了完善相机检校中的光线畸变模型，Johannsen 等（2013）引入深度畸变。针对 Raytrix 全光相机，利用针孔模型和薄透镜模型分别描述微透镜阵列和主镜头得到相机投影模型，使用该模型重建出物点在相机内部多次成像的三维坐标。然后使用径向畸变模型修正成像面上的平面畸变，再使用佩兹伐曲面描述光线在主镜头光轴维度上的畸变，即深度畸变，并对其进行建模。最终提出包含 21 个内外参数的投影模型，利用非线性优化方法求解相机内外参数及光线畸变系数。Heinze 等（2016）通过引入切向畸变进一步完善光线畸变模型。该方法在建立投影模型中考虑到了微透镜分类以及主透镜的倾斜与移动，通过估计主透镜的姿势纠正像差，校正切向畸变与径向深度畸变。检校过程使用多组 Raytrix 相机和镜头组拍摄圆形特征目标，每次拍摄的目标亮度，姿态和规模不一，但所有的校准过程收敛到一组参数，显示出很好的鲁棒性。

由于 Dansereau 等（2013）的方法从子孔径图像中提取角点特征，得到的相机检校参数描述的是预处理后的相机，牺牲了一定精度。为了解决这个问题，Bok 等（2017）提出使用光场原始数据的线特征对 Lytro 进行检校。在全光相机中，同一目标点在相邻的不同微透镜下多次成像，不易提取特定点的精确坐标，故提取微透镜图像中的线特征。基于薄透镜和针孔模型，使用线特征与相机内外参数的关系建立投影模型，推导相机参数的线特征形式，求解线性方程组获得全光相机内外参数的初值。再引入径向畸变，利用非线性优化的方式修正求解结果。Bok 等（2017）的标定方法在内外参求解时，由于该模型参数与 Dansereau（2013）的标定模型比少 6 个参数，参数解算过程更快。

某些全光相机中的微透镜阵列含有不同类型的微透镜，如 Raytrix 公司的相机，则不适用 Bok 等（2017）提出的方法。Strobl 和 Lingenauber（2016）考虑到 Raytrix 全光相机中微透镜阵列含三种不同微透镜类型的情况，提出利用全聚焦图像和深度图进行标定。然而标定模型并未考虑微透镜阵列的姿态，同时由于全聚焦图像依赖于深度估计的结果，该方法在深度获取和检校参数获取之间存在因果关系困境。孙俊阳等使用原始光场图像中的角点特征对 Raytrix 全光相机进行标定。根据原始光场图像中的角点与相机坐标系中虚拟像点的共轭关系，以及标定板上角点与相机坐标系中虚拟像点的共轭关系，建立了 Raytrix 全光相机的投影模型，并利用非线性最小二化算法求解相机参数。将该方法的结果与使用全聚焦图像标定的结果对比，发现角点空间位置坐标的标定误差、标定板旋转角度的标定误差和标定板距离的标定误差皆在 21 个像素以内，其中角点的标定误差小于 3%。

而 Nousias 等则在 Bok 等提出的检校方法上进行改进，利用原始光场图像中的角点特征，对微透镜进行类型检测、对其空间排列位置进行检索，分类估计相机内外参数，最后通过控制相机运动获取数据集，验证该检校方法的稳定性。但是该方法没有检校微透镜阵列姿态，也没有考虑光线畸变。

近些年来 Zeller 等提出了一种用于全光 2.0 摄像机的校准方法。采用中心虚拟摄像机标定几何射线路径，并采用 Zhang 于 2000 年提出的针孔摄像机模型标定几何射线路径，而深度建模则基于虚拟深度图。几何标定只包括摄像机焦距和主透镜的主透镜畸变，忽略了微透镜的畸变。在深度校准阶段，子孔径视图之间的基线是隐式校准的。同时提出了一种适用于 2.0 全光摄像机的两级标定方法。在第一阶段，基于针孔摄像机模型，利用中心虚拟视场标定摄像机内部参数。第二阶段利用 Raytrix 相机软件计算的虚拟深度图对深度图进行标定。该方法没有讨论聚焦距离对虚拟深度计算的影响，也没有讨论微透镜畸变对生成的深度图的影响。

大多数校准方法将主透镜建模为薄透镜模型，将每个微透镜建模为针孔模型。基于这个陈述，Dansereau 等（2013）使用包含 12 个参数的单应矩阵，结合代表主透镜径向和切向畸变的 5 个参数，校准微透镜和主透镜。利用传感器、微透镜阵列和主透镜之间的几何关系重构单应矩阵。标定过程首先对虚拟视场进行采样，然后对单应矩阵进行优化，并引入单应矩阵作为子孔径相机主镜头和相应主点畸变模型的约束。Bok 等（2017）介绍了一种直接处理全光相机原始图像（lenslet）的标定方法。光线对应符合主透镜和微透镜模型的几何原理。该方法引入了一种处理 lenslet 像点和对应的世界射线的投影模型。对于校准，采用线特征，因为它们很容易在单个透镜中区分，而不是点特征。介绍了一种六参数标定模型。然而，这种标定方法只校正主透镜的径向畸变，而忽略了微透镜阵列带来的畸变。此外，对于所有子孔径视图，所提出的径向畸变都遵循针孔模型，不能充分反映微透镜阵列的缺陷。

2.3.2 无需白图像的全光相机检校方法

在 2.3.1 小节中我们分析了国内外现有的全光相机检校方法，这些方法在标定微透镜中心点格网时，都需要拍摄白图像，然后使用基于极值的方法从中获取微透镜中心。在实际操作中我们发现，不同拍摄参数下，微透镜中心投影在传感器上的绝对坐标会发生变化。因此，使用现有的检校方法标定全光相机，在得到标定中心点格网所需要的白图像后，需要保持拍摄参数的固定，再获取检校全光相机所需的去其他数据，例如棋盘格光场数据。最终的相机检校结果是该拍摄参数下相机参数。所以如果获取数据过程中，拍摄参数发生变化，则需重新拍摄白图像和所需的检校数据，将光场数据导入计算机后，还要注意将与之对应的白图像储存。在使用 Lytro 与 Raytrix 全光相机时，厂商提供的软件会近似匹配内置的白图像，这种方式虽然便捷，但不能保证中心点格网的标定精度。

为了简化现有全光相机检校流程的复杂度，减少文件存储空间，获得更精确的微透镜中心点，本小节介绍一种无需白图像的全光相机检校方法。将中心点格网标定的工作作为微透镜阵列检校的一部分，则本文提出的全光相机检校方法分为微透镜阵列检校与基于线特征的相机检校两个部分。本文所用方法的技术路线如图 2-12 所示。

首先进行微透镜阵列检校，建立微透镜姿态与中心点格网的映射模型。利用微透镜阵列的设计参数生成理想中心点格网，在其基础上设定阵列姿态参数的取值范围，通过映射模型生成一系列待匹配的格网。使用全光相机拍摄棋盘格，得到光场原始图像。接下来将光场原始图像转换到傅里叶域。先在傅里叶域内找到每个微透镜图像周边 6 个最暗的像素位置。定义一个局部分数映射，其值为微透镜图像中的某点与周围 6 个最暗像素的距离和，只有微透镜中心点才能使其值达到最小。使用搜索算法在该范围内找到合适的阵列姿态参数，当其对应的格网使所有微透镜图像的局部分数映射都达到最小时，该格网即为标定的微透镜格网结果，对应的姿态参数即为检校微透镜阵列的结果。

其次使用得到中心点格网，结合线特征模板，拟合光场原始数据中的线特征，并推导使用线性特征描述的相机参数。利用全光相机投影模型，将世界坐标

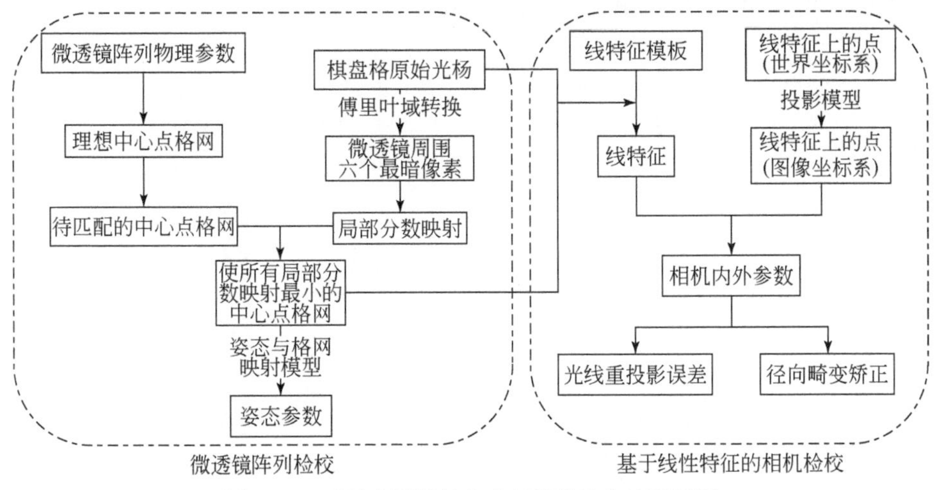

图 2-12 无需白图像的全光相机检校方法流程图

系中线特征上的点转换到图像坐标系，其位置与拟合的线性特征之间的距离平方和最小时，即得到相机的检校参数。

最后计算重投影误差，将使用本小节提出的检校方法得到的光线重投影误差，与使用现有的全光相机检校方法得到的光线重投影误差进行比较。并应用检校的相机参数解码光场原始数据获得子孔径图像，纠正鱼眼镜头①的径向畸变。

2.3.2.1 微透镜阵列的检校

大部分的光场获取设备都能够简化为双平面模型，该模型由 Levoy 和 Hanraham（1996）提出。光线在没有遮挡物和散射介质的区域，传播忽略光线在波长和时间维度的变化，则任一包含位置和方向信息的光线与两个平行平面相交于点（u，v）和（s，t），则该光线可由四维函数 L（u，v，s，t）表示。Ren 等制作的全光相机，在主镜头和传感器之间放置微透镜阵列，如图 2-13 所示，探测器、主镜头以及微透镜阵列三个平面平行，并且微透镜阵列在主透镜的焦平面处，与传感器间距为微透镜的一倍焦距。微透镜阵列和图像传感器两个互相平行的参数化平面捕获光线的位置信息和方向信息。因此全光相机通过微透镜阵列，将传感器划分为多个微透镜图像，来记录光线入射的空间位置信息，牺牲了空间分辨率来获取角度分辨能力，即光瞳面的采样能力。通过这样的改变，全光

① 鱼眼镜头是一种焦距为 16mm 或更短的视角接近或等于 180°的镜头。

相机可以同时获得了传统相机不能获取的四维光场信息。

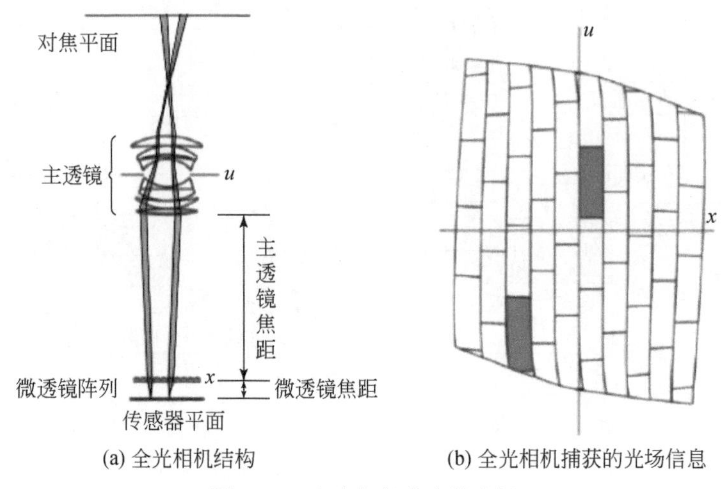

(a) 全光相机结构　　(b) 全光相机捕获的光场信息

图 2-13　全光相机获取的光场

光线通过光瞳面再经过对应的微透镜到达传感器平面，每个微透镜下面都有对应的像素，即微透镜图像，传感器被微透镜阵列划分为 $k\times l$ 个微透镜图像（宏像素）。为了确保高填充率，全光相机的微透镜阵列通常呈六边形的排列方式，如图 2-14（a）所示。将原始光场数据中六边形排列的微透镜图像重采样，如图 2-14（b）所示。同一微透镜图像中所有的像素点，分别对应聚焦到该微透镜上不同方向的光线，每个像素都对应着某个特定方向的光线，代表着目标物体不同方向的成像，也就是光线的角度信息。

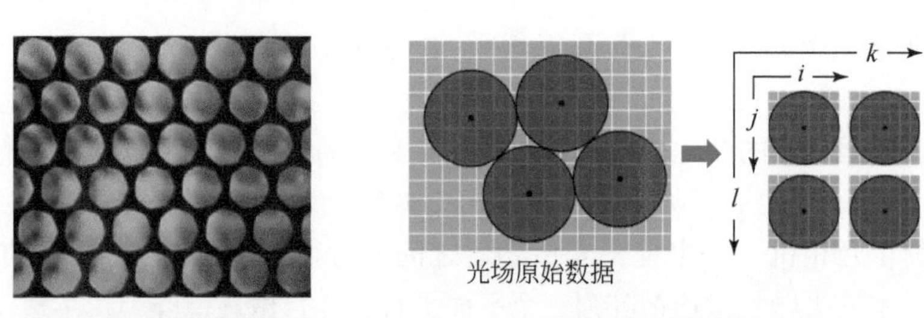

(a) 光场原始数据局部　　(b) 原始光场数据重采样

图 2-14　光场原始数据重采样

i，j 为像素坐标；k，l 为宏像素坐标即微透镜在格网中的坐标

根据中心点格网与微透镜半径，可知传感器捕捉到的有效微透镜图像数量，每个微透镜在图像传感器中对应的覆盖范围。由于微透镜阵列在主透镜的焦平面处，与传感器间距为微透镜的一倍焦距，所以如果光线在传感器上的投影点在第

l 行 k 列的微透镜覆盖范围内，则其对应的光线与微透镜阵列平面的交点坐标为 (k, l)，对应了四维光场中 (s, t) 的坐标信息，光线投影点在微透镜图像中的坐标 (i, j) 则对应四维光场中 (u, v) 的坐标信息。

使用基于极值的方法从白图像获取微透镜中心格网，理想状态下，白图像中的每个微透镜图像是均匀的圆形，然而在实际应用中，光晕效应会使微透镜图像产生形变，同时 Bayer 颜色滤波阵列也使得微透镜图像变形。所以我们首先将普通光场原始图像转换到傅里叶域，在傅里叶域内找到每个微透镜图像周边 6 个最暗的像素位置。为了减小暗电流的影响采用高斯滤波器过滤噪声，为了实现亚像素精度，使用三次插值对图像进行 8 倍的上采样。如图 2-15 所示，假设 R 为六边形网格的半径，则六边形网格中最暗点相对于微透镜中心的位置为 $p_0 = \left(R, \frac{R}{\sqrt{3}}\right)$，$p_1 = \left(0, \frac{2R}{\sqrt{3}}\right)$，$p_2 = \left(-R, \frac{R}{\sqrt{3}}\right)$，$p_3 = \left(-R, -\frac{R}{\sqrt{3}}\right)$，$p_4 = \left(0, -\frac{2R}{\sqrt{3}}\right)$，$p_5 = \left(R, -\frac{R}{\sqrt{3}}\right)$。

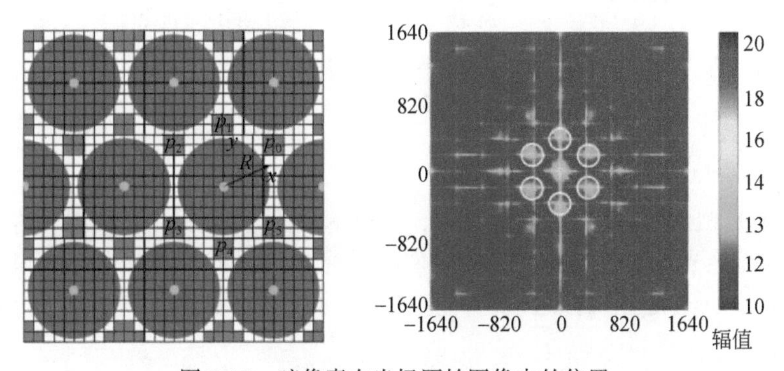

图 2-15　暗像素在光场原始图像中的位置

定位微透镜图像周边 6 个最暗的像素位置后，通过局部估计分数映射 $P(x)$ 检测微透镜图像的中心。设光场原始图像中任意位置的像素 $\boldsymbol{x} = [x, y]^{\mathrm{T}}$，如式（2-3）与（2-4），则 $P(\boldsymbol{x})$ 为微透镜图像中的某一像素点到微透镜图像周边 6 个最暗像素点的距离和，只有当 $\boldsymbol{x}$ 处于微透镜的中心时局部分数映射 $\boldsymbol{P}(\boldsymbol{x})$ 达到最小值。

令
$$\boldsymbol{P}(\boldsymbol{x}) = \sum_{i=0}^{5} |\boldsymbol{x} + \boldsymbol{p}_i| \tag{2-3}$$

则
$$\boldsymbol{x}_{\text{中心}} = \{\boldsymbol{x}_i \mid \boldsymbol{p}(\boldsymbol{x}_i) = \boldsymbol{P}_{\min}, \boldsymbol{i} = 0, \cdots, N\} \tag{2-4}$$

2.3.2.2 获取中心点格网与微透镜阵列姿态标定

对于一般场景，标定曝光不足或曝光过度的微透镜图像中心，会产生偏差，因此局部分数映射在光场原始图像中不能分别找到所有的微透镜图像中心。本小节使用全局优化的方法估计微透镜中心点格网与微透镜阵列姿态参数，流程如图 2-16 所示。

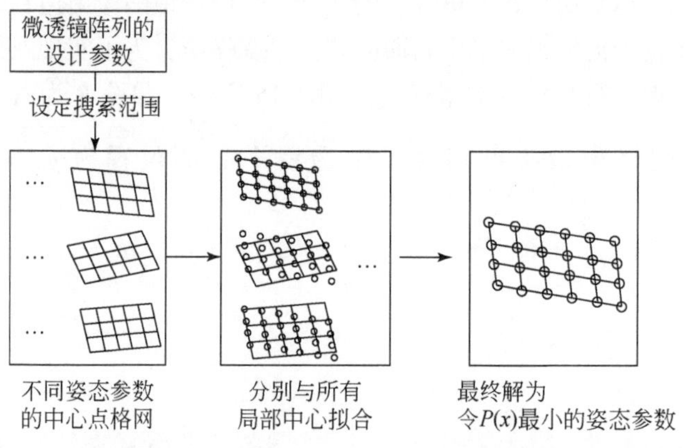

图 2-16 微透镜阵列姿态参数标定流程

2.3.2.3 提取线特征

某些全光相机的原始光场图像中，微透镜图像直径只有 10 像素左右（如 Lytro Illum 型全光相机），对于这种类型的全光相机，我们不用传统的拟合线性特征的方法，而是建立以微透镜图像直径为边长的矩形模板，然后与实际的微透镜图像匹配。

通过选取不同的直线旋转角度 θ 和平移量 t 生成的一系列线性特征模板，参数 θ 取值范围为 $-90\leqslant\theta\leqslant90$，$t$ 的取值范围为 $-r\leqslant t\leqslant r$，r 为微透镜图像直径（图 2-17）。设模板的中心像素为坐标原点，则直线的公式可以定义为

$$x\cdot\sin\theta+y\cdot\cos\theta+t=0 \tag{2-5}$$

全光相机微透镜图像直径为 r，生成如图 2-18（a）边长为 $2r-1$ 的矩形模板，再将模板的中心像素与求得的中心点格网中的坐标匹配。如图 2-18（b），(x_c, y_c) 表示相机坐标系中，微透镜图像的中心坐标，(x_t, y_t) 是模板的中心像素$(x_t=y_t=r)$，(x_r, y_r) 是(x_c, y_c) 取整后的小数部分结果，微透镜图像中心 (x_c, y_c) 在模板中的坐标为

$$\begin{bmatrix}x_c\\y_c\end{bmatrix}=\begin{bmatrix}x_t\\y_t\end{bmatrix}+\begin{bmatrix}x_r\\y_r\end{bmatrix} \tag{2-6}$$

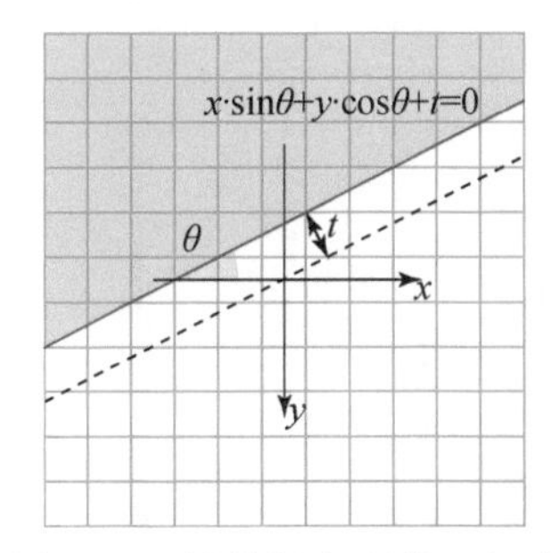

图 2-17　线特征方程的一般式

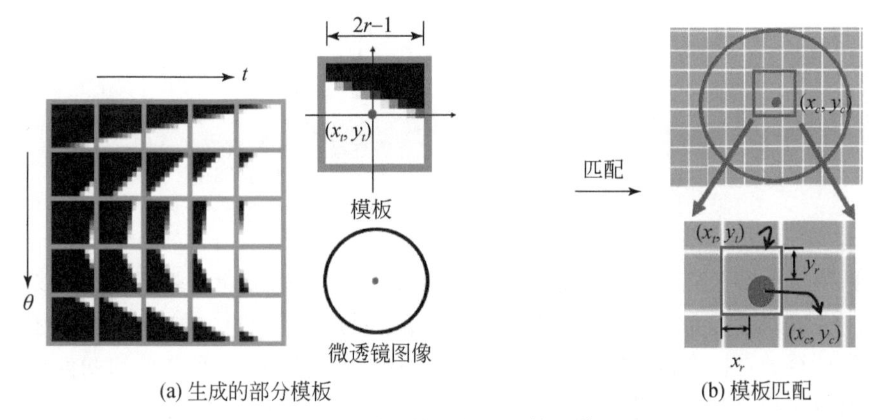

(a) 生成的部分模板　　(b) 模板匹配

图 2-18　线特征模板与微透镜图像匹配

使用归一化互相关（normalized cross correlation，NCC）方法将模板与微透镜图像匹配。选取 NCC 值最大的模板作为该微透镜图像线特征的参数，将实际的微透镜图像中心设置为原点，则模板中的线特征方程变为

$$
\begin{aligned}
&(x + x_r)\sin\theta + (y + y_r)\cos\theta + t \\
&= x\sin\theta + y\cos\theta + t + x_r\sin\theta + y_r\cos\theta \\
&= x\sin\theta + y\cos\theta + t'
\end{aligned}
\tag{2-7}
$$

得到线特征方程后，拍摄棋盘格获得的原始光场图像，从只含黑白格分界线的微透镜图像中提取线特征。

2.3.2.4　获得全光相机投影模型

在相机坐标系内，对全光相机建立投影模型，如图 2-19 所示，使用薄透镜模型描述主透镜，用针孔模型描述微透镜阵列。光线的路径如加粗实线所示，任意一点的所有光线都通过主透镜到达该点的像点，再经过微透镜的中心与 CCD 阵列相交。

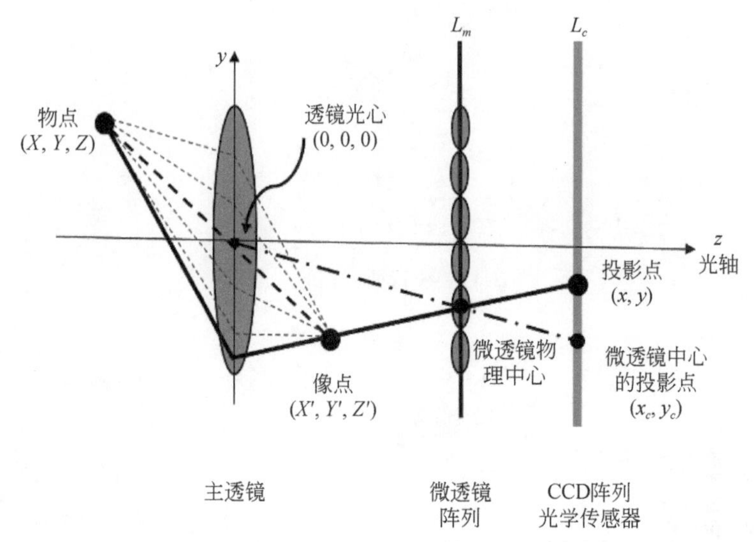

图 2-19　相机坐标系中的全光相机投影模型

把提取的线性特应用到投影模型式进而求解获得相机的内外部参数。以上方法使用一幅棋盘格原始光场图像中的线特征检校全光相机。拍摄多幅原始光场时，先计算 f（主透镜的焦距）的平均值，然后计算其他内部参数的初始值，这样可以较快得到最终结果。

参 考 文 献

刘永春，龚华军，耿征，等. 2015. 基于全息定向散射屏的光场三维成像系统研究. 激光与光电子学进展，52（10）：101-103.

张春萍，王庆. 2016. 全光相机成像模型及参数标定方法综述. 中国光，43（6）：270-281.

Adelson E H，Wang J Y A. 1992. Single lens stereo with a plenoptic camera. IEEE Transactions on Pattern Analysis and Machine Intelligence，14（2）：99-106.

Bok Y，Jeon H G，Kweon I S. 2017. Geometric Calibration of Micro-Lens-Based Light-Field Cameras Using Line Features. IEEE Transactions on Pattern Analysis & Machine Intelligence，39（2）：287-300.

Cho D，Lee M，Kim S，et al. 2013. Modeling the Calibration Pipeline of the Lytro Camera for High Quality Light-Field Image Reconstruction. Portland：IEEE International Conference on Computer Vision.

Dansereau D G，Pizarro O，Williams S B. 2013. Decoding，Calibration and Rectification for Lenselet-Based Plenoptic Cameras. Portland：IEEE Conference on Computer Vision & Pattern Recognition.

Darwish W，Bolsee Q，Munteanu A. 2019. Plenoptic camera calibration based on microlens distortion modelling. ISPRS Journal of Photogrammetry and Remote Sensing, 158 (12): 146-154.

Fiss J, Curless B, Szeliski R. 2014. Refocusing plenoptic images using depth- adaptive splatting. Haifa: IEEE International Conference on Computational Photography: 1-9.

Heinze C, Spyropoulos S, Hussmann S, et al. 2016. Automated Robust Metric Calibration Algorithm for Multifocus Plenoptic Cameras. IEEE Transactions on Instrumentation & Measurement, 65 (5): 1197-1205.

Johannsen O, Heinze C, Goldluecke B, et al. 2013. On the Calibration of Focused Plenoptic Cameras. Time-of-Flight and Depth Imaging, 82 (0): 302-317.

Levoy M, Hanrahan P. 1996. Light field rendering. Proceedings of the 23rd annual conference on Computer Graphics and interactive techniques. New York: ACM Press.

Liang C K, Shih Y C, Chen H H. 2011. Light Field Analysis for Modeling Image Formation. IEEE Transactions on Image Processing A Publication of the IEEE Signal Processing Society, 20 (2): 446-460.

Maeno K, Nagahara H, Shimada A, et al. 2013. Light Field Distortion Feature for Transparent Object Recognition. Portland: Computer Vision and Pattern Recognition (CVPR), 2013 IEEE Conference.

Ng R, Levoy M, Bredif M. 2005. Light field photography with a hand-held camera. Stanford Computer Science Tech Report CSTR, (02): 1-11.

Strobl K H, Lingenauber M. 2016. Stepwise calibration of focused plenoptic cameras. Computer Vision and Image Understanding, 145: 140-147.

Thomason C M, Thurow B S, Fahringer T W. 2014. Calibration of a Microlens Array for a Plenoptic Camera. National Harbor: Aerospace Sciences Meeting.

Vaish V, Wilburn B, Joshi, et al. 2004. Using plane + parallax for calibrating dense camera arrays. Washington D C: IEEE Computer Society Conference on Computer Vision & Pattern Recognition: 1-8.

Xu S, Zhou Z L, Devaney N. 2014. Multi-view Image Restoration from Plenoptic Raw Images. Lecture Notes in Computer Science, 90 (9): 3-15.

Ye J, Yu J. 2014. Ray geometry in non-pinhole cameras: a survey. The Visual Computer, 30 (1): 93-112.

Zhang X D, Li M N, Zhang J, et al. 2015. Edge preserved light field image super-resolution based on weighted BDTV model. Journal of Image and Graphics, 20 (6): 733-739.

第3章　光场数据与成像理论

3.1　四维光场与数据组织

Adelson 和 Bergen（1991）最早提出用全光函数 $P(x, y, z, \theta, \varphi, t, \lambda)$ 来描述光场，虽然全光函数能够全面有效地记录空间光线传播特性，但是全光函数维度过多，不便于记录和计算。如果能够降低维度，并且这种降低维度不影响其应用，全光函数才能被使用。

3.2　四维光场成像理论

传统光学相机以主镜头捕捉光线，光线聚焦在感光元件上，每个像素记录的是到达该像素所有光线的强度总和。传统光学相机只能获取某一个方向的光线，也就是光场中某一个角度的二维积分。而光场相机在主镜头和传感器之间放置一个微透镜阵列，每一个微透镜接受经主透镜进入的光线，然后将不同方向的光线聚焦到微透镜下的不同位置的像素。传感器上所有像素被 $N\times N$ 的微透镜阵列划分为 $N\times N$ 个微透镜图像（也有称宏像素）。微透镜图像中每个像素都对应着某个特定方向的光线，代表着目标物体不同方向的成像。通过微透镜的划分，传感器同时记录了二维的强度信息和二维的方向信息，构成光场的四维数据，最后通过强度信息和方向信息提取子孔径图像（某个方向的成像），获得光场中多个角度的二维积分，如图 3-1 所示。

光线在没有遮挡物和散射介质的区域传播，忽略光线在波长和时间维度的变化，则任一包含位置和方向信息的光线，可由四维函数 $L(u, v, s, t)$ 表示。Levoy 和 Hanraham（1996）提出的双平面模型，是用空间光线与两个平行平面的交点 (u, v) 和 (s, t) 来描述一条空间中的光线，大部分的光场获取设备都能够简化为该模型。

假设光瞳面为 u，光学传感器平面为 x，物点的光线在传统相机内部的传播过程如图 3-2（a）所示。物点所发出的光线通过光瞳平面，汇聚在最终的像素点上。传统相机由于受结构所限制，无法区分出光线与光瞳面的交点坐

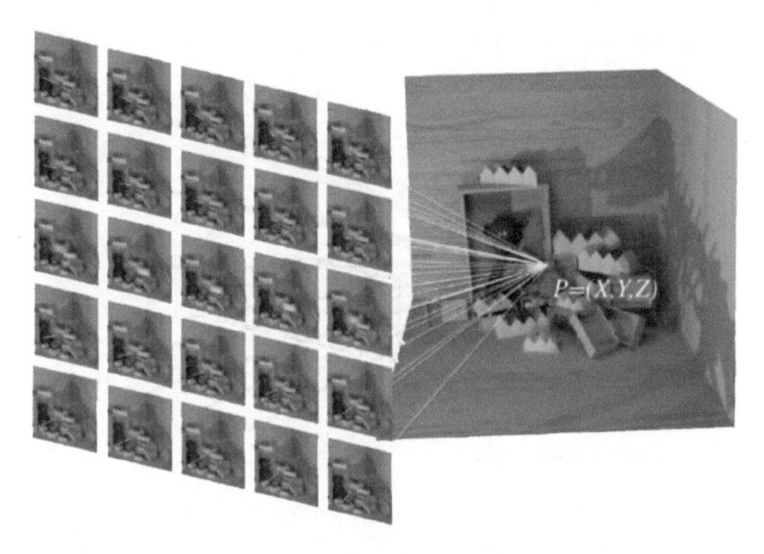

图 3-1　子孔径图像示意
P 为目标点，坐标为（X，Y，Z）

标。传统相机捕获的光场信息如图 3-2（c）所示，每一个长条代表了不同像素所采集到的光线信息，长条的宽度等于像素像元的宽度，而长条的长度等于光瞳面的直径。从图 3-2（a）中可以看出，传统相机实际上只是采集到相机内部光场在 x 平面上的投影，这种投影方式能够最大化地保存 x 信息，但是完全丢失了 u 信息。

Ng 等（2005）在传感器前放置微透镜阵列制作出光场相机，其中探测器、主镜头以及微透镜阵列三个平面平行，并且微透镜阵列在主透镜的焦平面处，与传感器间距为微透镜的一倍焦距。每个微透镜都对应了传感器上的一小块区域，这块区域我们称之为微透镜图像（宏像素）。微透镜图像平面对应了四维光场中（s，t）的坐标信息，是光线通过光瞳面再经过对应的微透镜所成的像。每个微透镜图像中所包含的像素，即宏像素中的像素点，都对应着光瞳面上不同的区域，即（u，v），通过对这些像素的重新计算，我们可以得到光场中多个角度的二维积分，即光场相机子孔径图像。其内部光学传播过程及其所采集到的光场信息如图 3-2（b）和图 3-2（d）所示。

传统相机获得的光场信息中，像素对应条形的宽度与探测器的像元宽度相同，而光场相机获取的光场信息中，网格的宽度等于微透镜图像（宏像素）的宽度。这是由于光场相机利用宏像素来记录光线入射的空间位置信息，同一宏像素中的所有像素点记录了光线的角度信息。光场相机牺牲了空间分辨率，即 x 的

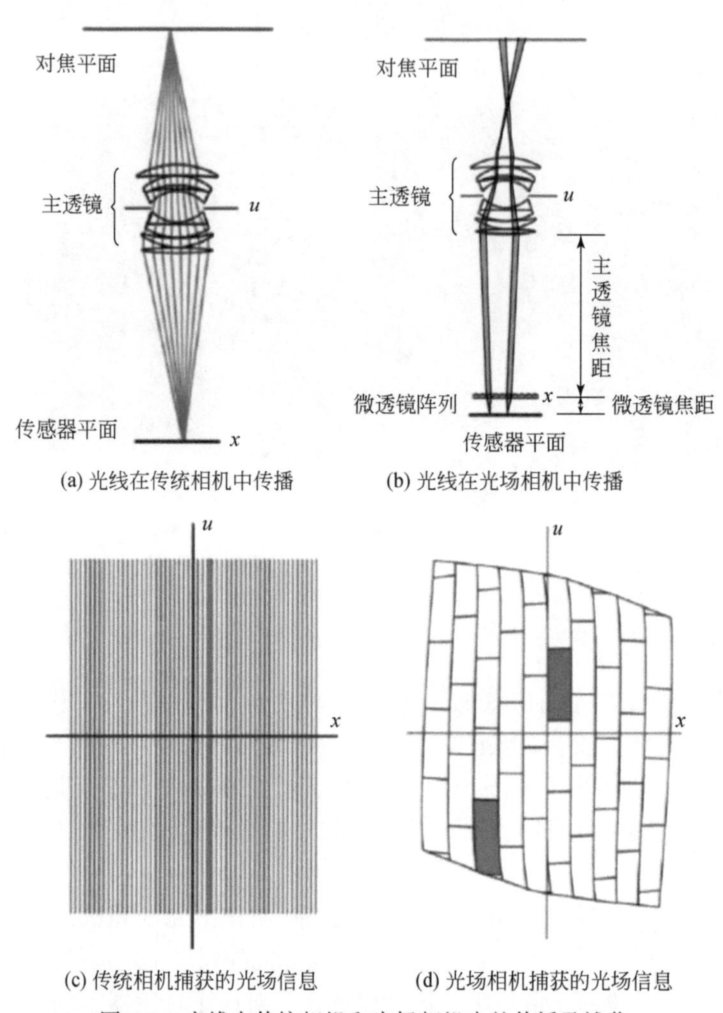

(a) 光线在传统相机中传播　(b) 光线在光场相机中传播

(c) 传统相机捕获的光场信息　(d) 光场相机捕获的光场信息

图 3-2　光线在传统相机和光场相机中的传播及捕获

采样间隔，来获取角度分辨能力，即 u 的采样能力。通过这样的改变，光场相机获得了传统相机不能获取的四维光场信息。

3.3　光场影像表达方法

3.3.1　四维光场的还原——光场原始图像

光场相机可以通过单次成像记录场景中的整个光场信息，我们可以通过光场原始图像进行四维光场的还原。如图 3-3 所示即为光场的原始图像，通过放大观察我们可以看到图像中存在规则排列的圆形区域，即为各个微透镜所成的像。如图 3-3 所示，在光场原始图像的放大显示中我们可以发现在微透镜的实际成像区域之外存在一些白色的无效区域，这是因为所用光场相机微透镜为圆形而像元阵列为矩形，在成像时微透镜下所覆盖的像元并没有被完全利用，导致微透镜覆盖区域四角以及相邻微透镜之间的像元并没有记录到光线，因此在实际应用中我们通常需要对微透镜成像区域进行裁剪以剔除这部分无效区域。

图 3-3　光场原始图像（左）及其局部放大图（右）

光场图像中各点的坐标排列方式如图 3-4 所示，图中相同色彩的区域覆盖在同一个微透镜下，我们将其称之为一个宏像素，它代表对于空间中同一个点在不同方向上的光线采样的集合。

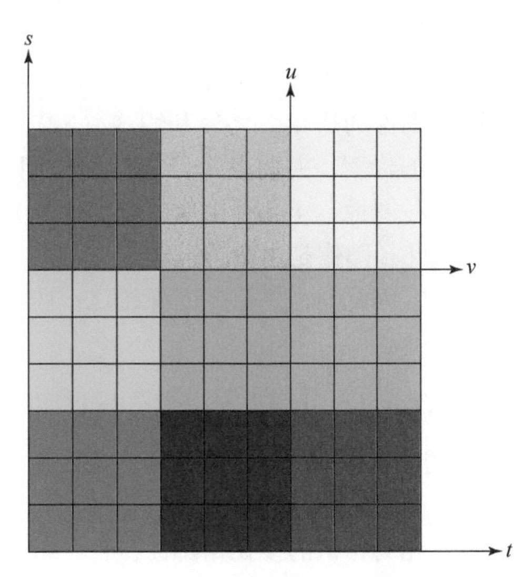

图 3-4　光场原始图像坐标排列示意图

根据本章3.1节中所述，光场原始图像可以表示为 (u, v, s, t) 四维光场数据，其中 (s, t) 为空间坐标，代表单个微透镜在整个微透镜阵列中的位置，微透镜阵列中所包含的微透镜数量叫作光场相机的空间分辨率。(u, v) 为角度坐标，代表单个像素在单个微透镜覆盖区域内的位置，单个微透镜所覆盖的像素数也叫做光场相机的角度分辨率。光场图像的总分辨率为空间分辨率与角度分辨率的乘积。

原始图像中包含着光场相机所获取到的全部光场信息，因此在深度估计中，通常使用光场原始图像作为输入数据。立体匹配方法中通过原始图像提取子孔径图像阵列；基于数字重聚焦的算法通过对原始图像进行数字重聚焦以获得不同聚焦平面的原始图像集合；极平面图像方法中通过提取原始图像中特定的像素值，得到极平面图像集合。在本书后续章节介绍的各种不同算法中，不仅需要通过原始图像获取不同聚焦平面的原始图像集合作为输入数据，还需要通过原始图像中的宏像素进行分析来构建匹配代价，以及通过极平面数据作为输入来估计深度等。

3.3.2 成像视角的变换——子孔径图像

光场相机的多视角特性使得我们在拍摄后可以实现对物体成像视角的变换，这就得到了光场相机的子孔径图像。

微透镜阵列中所有微透镜下所覆盖的同一位置的像元是对主透镜在同一角度的采样，我们通过提取这部分像元，就可以组成该位置的子孔径图像。如图3-5所示，基于上一小节中所述原因，在提取子孔径图像之前需先对原始图像微透镜范围进行裁剪，取圆形区域的内接正方形作为有效数据区，通过减少角度采样的方式保证所提取到的子孔径图像的质量。之后利用式（3-1）提取原始图像中同一角度坐标、不同空间坐标的像素，并将各个像素按照空间坐标顺序进行排列，就可以得到不同角度的子孔径图像，子孔径图像的分辨率为光场相机的空间分辨率。如图3-6所示，由于子孔径图像是由微透镜对主透镜的采样，可以等效视为主镜头缩小光圈之后的成像，因此与光场原始图像相比，所提取到的子孔径图像的景深范围更大。

$$I(s,t)=\int_{u}^{u+\Delta u}\int_{v}^{v+\Delta v}L(u,v,s,t)\,\mathrm{d}u\mathrm{d}v \tag{3-1}$$

式中，$I(s, t)$ 为所提取到的子孔径图像；(u, v) 为角度坐标；(s, t) 为空间坐标；Δu 和 Δv 为角度坐标的变化量。

子孔径图像充分体现了光场相机的多视角特性，各个角度的子孔径图像中包含着大量的角度信息，这些信息可以用于后续的深度估计、数字重聚焦和改变聚

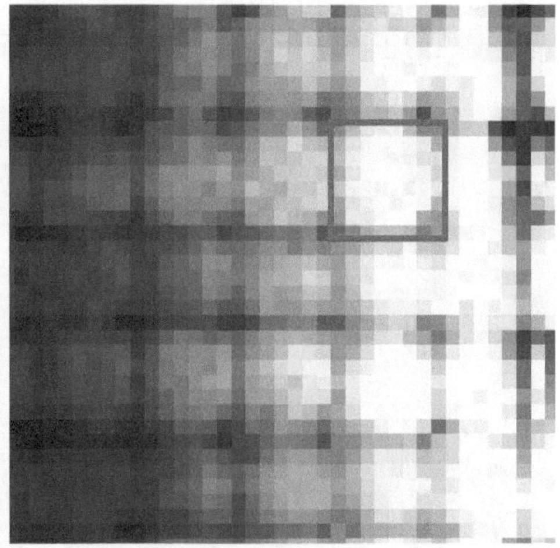

图 3-5 微透镜边缘裁剪后的原始图像（左）及其局部放大图（右）

图 3-6 光场原始图像（左）与中心子孔径图像（右）

焦点等各种操作。如图 3-7 所示，我们按照光场相机中微透镜的排列方式对各个角度的子孔径图像进行排列，可以得到子孔径图像阵列。在子孔径图像阵列中，同一行的子孔径图像之间只有横向视差，同一列的子孔径图像之间只有纵向视差，这也是之后进行立体匹配、极平面图像提取等处理步骤的基础。

在深度估计算法中，立体匹配算法和聚焦测距法主要使用到了子孔径图像：立体匹配算法将子孔径图像阵列视为传统的多相机所获取的数据，对其进行两两之间的双目立体匹配计算，之后将匹配代价进行聚合，通过选取最小的匹配代价来确定物体的最佳深度值；聚焦测距法通过对子孔径图像进行数字重聚焦，得到不同聚焦平面的子孔径图像集合，之后通过对图像中的每一空间点的清晰度评价来判断聚焦的正确与否，以获取空间点的深度值。

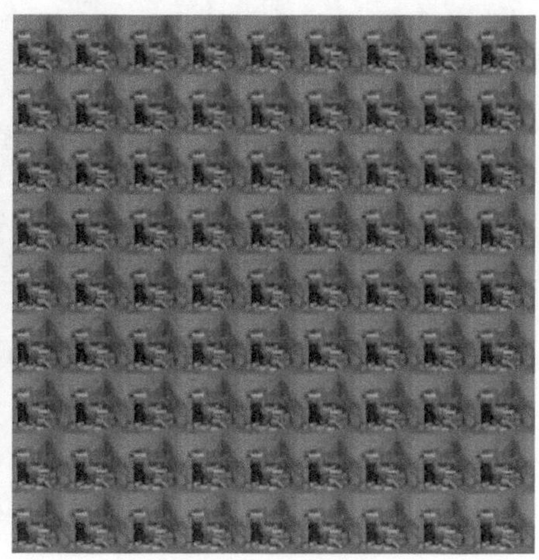

图 3-7　光场原始图像（左）和子孔径图像阵列（右）

3.3.3　成像点的运动轨迹显示——极平面图像

光场相机的多角度特性使得它能够通过单次成像获取不同视角的图像序列，因此应用光场相机可以很方便地提取极平面图像，进而显示出成像点的运动轨迹。极平面图像这一概念最早由 Bolles 等（1987）提出，它指的是场景中的点在各个空间位置处连线的集合。极平面图像记录了成像点在空间中的运动轨迹，可以通过计算极平面图像中一点的斜率来估算出该点的深度值。

在光场相机出现前，极平面图像的获取方式是用相机沿着与主光轴垂直的方向对目标静态场景进行不断变换空间位置的连续采样，将获取到的图像按照采样顺序叠放到一起组成图像集合，通过提取该图像集合中同一行或一列空间点在单个方向上的集合得到极平面图像。光场相机出现后，利用光场相机的多视角特性，我们可以通过单次拍摄获取目标场景的四维光场数据，进而可以通过在四维光场中改变空间或角度坐标来提取各个方向的极平面图像，极平面图像也就相当于对四维光场的二维切片。

极平面图像的获取原理如图 3-8 所示，通过固定空间坐标 t 和角度坐标 v，可以构建出 $(s-u)$ 坐标系，提取出 $(s-u)$ 平面中所有的对应点，就可以得到一张极平面图像，即排列在第 v 行的子孔径图像内位于第 t 行的点随角度坐标 u 变化的极平面图像。图 3-9 所示即为一张极平面图像。

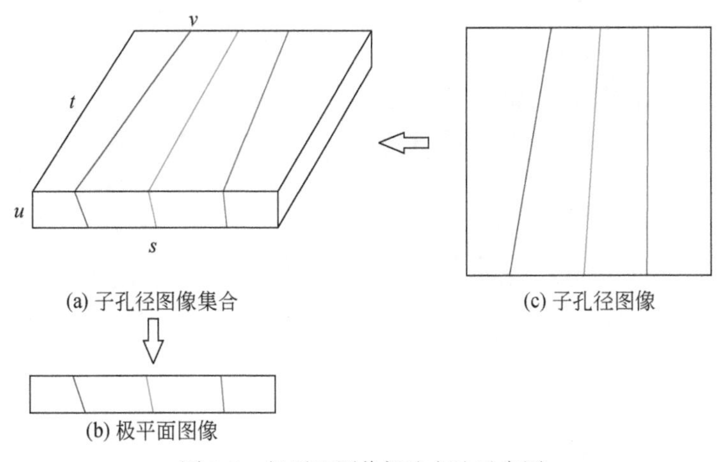

(a) 子孔径图像集合 (c) 子孔径图像 (b) 极平面图像

图 3-8 极平面图像提取方法示意图

图 3-9 极平面图像

极平面图像的应用较为广泛。在深度估计中，基于极平面图像的深度估计方法通过计算极平面图像中各条直线的斜率来判断直线所对应的空间点的深度；在进行数字重聚焦时，可以通过对极平面图像进行不同角度的旋转、切片来获得各个聚焦平面的图像。

3.3.4 聚焦平面的变换——重聚焦图像

光场图像的重聚焦图像是指在图像拍摄完成后，通过算法改变图像的聚焦平面所得到的一系列聚焦在不同平面的图像。光场相机通过单次拍摄同时获取到空间中光线的强度和角度信息，利用这些信息就可以实现对光线在不同平面上的重新积分，以达到数字重聚焦的目的。光场数字重聚焦的概念是由 Ng 等（2005）提出的，他们通过对像素的重新排列，将手持式光场相机所采集到的二维光场图像恢复为四维的光场矩阵数据，之后将四维光场重新投影到新的聚焦平面上进行积分，就得到了不同聚焦平面的二维光场图像。由于整个重聚焦过程不需要任何机械部件，而是仅通过数字计算即可完成，因此叫作“数字”重聚焦。图 3-10 中展示了光场图像聚焦平面的变化过程，可以看到三张图像从左到右聚焦平面逐渐后移。光场图像的这种特性使得我们可以对其进行先拍照后对焦、提取全聚焦图像以及其他更加多样的应用。

图 3-10 不同聚焦深度的重聚焦图像

在深度估计中，重聚焦图像的应用十分广泛，目前有大量的算法是基于重聚焦图像集合进行的。例如 Tao 等（2013）的算法就是通过对中心视角子孔径图像进行数字重聚焦，并对不同聚焦平面的中心内视角子孔径图像进行清晰度评价来获得空间点的深度值；Wang 等（2015，2016）及 Jia 和 Li（2017）对光场原始图像进行重聚焦，将原始图像中的宏像素划分为遮挡区域和非遮挡区域分别进行匹配代价计算，从而达到提高遮挡区域深度估计精度的目的。本书算法通过对光场原始图像进行数字重聚焦，获得不同聚焦平面的光场原始图像集合，通过对集合中每一张图像进行宏像素成像一致性分析，得到空间点在各个聚焦平面的匹配代价集合，最终通过选取最小匹配代价即获取点的最佳深度值。

3.4 基于四维光场的重聚焦与全聚焦

传统光学相机拍摄景物时由于受到景深范围的限制，其通过单次拍摄得到的影响中只有部分区域的清晰成像，其他区域则会由于失焦出现模糊的现象。相机的失焦限制了其在很多领域中的应用，如在安保领域，监控摄像头由于景深范围的限制，往往会进行自动对焦，但在自动对焦的过程中很可能会错过某个细节处的重要信息；在遥感影像的获取过程中，相机常常由于外部环境的影响而出现失焦现象，导致影像部分信息缺失甚至是某些影像的不可用；在日常生活中进行照片拍摄时，经常会由于手的抖动或是物体的移动而使得拍摄的目标物体失焦，导致照片模糊，增加了拍摄的困难性。基于此，如何改善相机的失焦现象成为了人们亟待解决的问题。

光场相机与其他传统光学相机最大的区别在于光场相机可以先拍照后对焦。对于传统光学相机而言，对焦和变焦一般都采用机械结构的调节方式使拍摄物体由模糊变清晰。对焦与变焦的区别在于对焦改变的是传感器与镜头之间的距离，而变焦改变的是镜头本身的焦距。即对焦是将光线重新投影到新的像平面上，变焦则是改变了光线的传输方向。而对于光场相机而言，光场相机在拍摄物体时，记录了物体的四维空间信息，这就允许我们采用数据计算的方式来改变光线的成像平面，从而让图像在不同的焦点显示相应的图像重聚焦效果，这种数据计算的方式称之为数字重聚焦。数字重聚焦技术有空间域和频率域两种方法，也即空间域数字积分重聚焦和频率域傅里叶变换重聚焦技术。

空间域重聚焦是依据光场相机成像模型得到的。传统相机在拍摄物体的过程中通过改变传感器和主透镜之间的距离来进行对焦。而光场相机在拍摄完成后，可以通过数字处理的方法将捕捉到的光场信息在新的成像平面上进行强度积分。从二维情况加以讨论分析，重聚焦模型如图 3-11 所示。

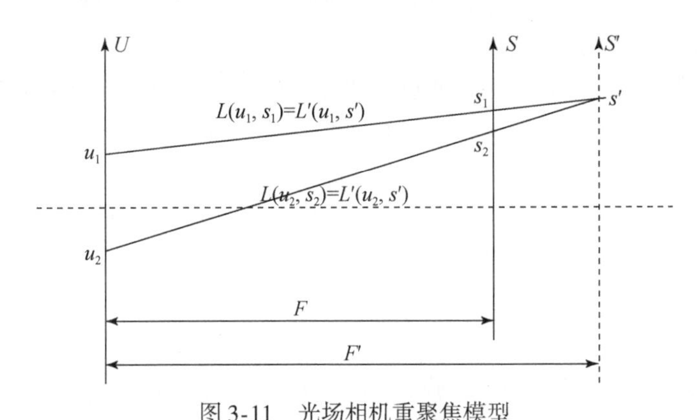

图 3-11　光场相机重聚焦模型

图 3-11 中，L 为采集的光场，U 和 S 分别表示主镜头和微透镜阵列所在平面，两平面之间的距离为 F。S'为新的对焦平面，与 U 平面之间的距离为 F'，令 $F' = \alpha F$ 。重聚焦平面 S'，面上所成的像等于 U 和 S 之间光场的积分，即

$$E(s') = \int L'(u,s')\mathrm{d}u = \int L\left[u,\frac{s'}{\alpha} + u\left(1 - \frac{1}{\alpha}\right)\right]\mathrm{d}u \tag{3-2}$$

从式中可以看出，数字重聚焦就是对光场聚焦面的深度进行平移，而后在方向维度进行积分，将结论推广至四维光场，则可以得到：

$$E(s',t') = \iint L\left[u,v,\frac{s'}{\alpha} + u\left(1 - \frac{1}{\alpha}\right),\frac{t'}{\alpha} + v\left(1 - \frac{1}{\alpha}\right)\right]\mathrm{d}u\mathrm{d}v \tag{3-3}$$

空间域重聚焦就是在采集到的四维光场数据上，通过不同的 α 值平面确定不同深度的重聚焦平面，而后分别对距离远近不同的物体进行聚焦。不同景深对应的焦平面成像效果如图 3-12 所示。

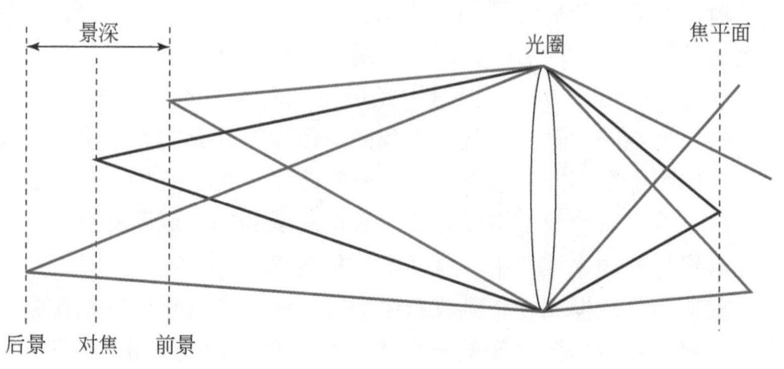

图 3-12　相机聚焦模型

根据景物的不同景深，在相机的焦平面成像的过程中，焦平面前移，后景在焦平面上清晰成像，焦平面后移，前景在焦平面上清晰成像。

频率域重聚焦的核心思想是傅里叶切片定理。傅里叶切片定理表明，将二维图像在一维方向上积分结果进行傅里叶变换的结果与将该二维图像傅里叶变换结果取一维切片的结果一致。将其推广至多维变换，即 N 维函数对其进行坐标变换后将其积分投影至 M 维进行傅里叶变换，那么这个变换等于对函数求傅里叶变换，然后进行坐标逆变换，最后取该变换的 M 维切片，用算子简化表示如下：

$$F^M \cdot I_M^N \cdot \boldsymbol{B} = S_M^N \cdot \frac{\boldsymbol{B}^{-T}}{|\boldsymbol{B}^{-T}|} \cdot F^N \tag{3-4}$$

式中，I_M^N 表示 N 维到 M 维的积分投影过程；S_M^N 表示将 N 维函数降维到 M 维过程；F^N 表示对 N 维函数进行傅里叶变换。结合空间域重聚焦公式，可以表示为

$$E(L) = \frac{1}{\alpha^2 F^2} I_2^4 \cdot \boldsymbol{B}_\alpha [L] \tag{3-5}$$

式中，$\boldsymbol{B}_\alpha$ 表示坐标变换矩阵。在频率域重聚焦中，为了方便处理四维光场数据，首先需要将二维傅里叶切片定理延展至多维，然后降维至四维进行四维光场数据处理，就可以在频率域实现光场相机重聚焦。可以表示为

$$E(L) = \frac{1}{\alpha^2 F^2} F^{-2} \cdot S_2^4 \cdot B_\alpha^{-T} \cdot F^4 [L] \tag{3-6}$$

对光场原始图像进行重聚焦后还不能生成全聚焦图像，在此之前须得引入一个概念——焦点堆栈。焦点堆栈的本质即为对焦在不同深度处的图像的集合，简而言之就是一组不同曝光和不同聚焦点的一组照片的集合，并且焦点堆栈不是简单的一系列照片，该组照片除了对焦在不同的深度之外，其他的参数必须全部相同。其中焦点堆栈中每一张图像都具有自身的景深，所有图像的景深集合起来即为焦点堆栈的景深，焦点堆栈具有丰富的三维信息，包含了场景

的深度信息和空间信息。

利用上述重聚焦方法对光场原始图像进行重聚焦，生成焦点堆栈，而后利用散焦和匹配线索融合的方法生成高精度深度图，最后利用深度图作为索引图确定焦点堆栈中的聚焦区域，将聚焦区域提取整合即可生成全聚焦图像。

3.5 高清晰度全聚焦图像提取方法

传统相机由于受到景深范围的限制，在一次曝光中只能获取场景部分区域的聚焦照片，并不能获取整个场景的全聚焦图像，若想获取整个场景的图像必须将相机固定然后对同一场景进行不同深度的对焦，获取该场景的焦点堆栈，然后经过图像融合算法生成全聚焦图像，然而由于拍照时间不同，场景的光线强度可能会发生变化。而光场相机一个较为突出的特点即为先拍照后聚焦，即通过一次曝光通过后处理即可获得一系列对焦在不同深度的图像。

3.5.1 光场数据的深度线索

物体的深度即为物体到拍照相机的距离，在很多与计算机视觉相关的领域中(如三维重建，相机聚焦，路径规划，自动驾驶等) 物体的深度信息是非常重要的。在机器视觉领域内，场景深度提取可以用摄像头或者其他图像处理的算法来实现，最常见的深度估计方法通常有单目视觉，多目视觉等。光场图像中隐含了丰富的深度信息。光场图像焦点堆栈中每一层图像成像点清晰模糊变化与场景深度高度耦合，成像点的模糊程度蕴含了丰富的散焦线索。光场图像包含了光线的角度信息，其子孔径图像可以看作相机阵列在不同角度所拍摄的图像，子孔径图像之间具有较高的信息冗余，隐含了匹配线索。因此，光场的深度信息隐含在光场数据的不同特征表现上，下文就对几种深度信息隐含的方式展开论述。

3.5.1.1 梯度深度线索

光场焦点堆栈即为光场图像重聚焦在不同深度的一系列图像，此过程类似于传统相机的对焦在不同深度所拍摄的一系列图片。因此焦点堆栈中的每一层图像都有散焦区域和清晰对焦区域，散焦区域图像较模糊，图像梯度较小，而清晰对焦区域具有较大的图像梯度值，锋利的边缘信息，因此焦点堆栈中每一个清晰像素对应的梯度值应为焦点堆栈中该像素位置点梯度最大值。因此计算焦点堆栈中所有图像每一个像素的梯度值，取梯度值最大的深度索引生成一张梯度最大值索引图，即为深度图。以下为几种梯度算子介绍。

(1) 一阶微分梯度算子

边缘是图像中灰度值变化比较显著的区域，图像灰度图突变处其一阶导数也较大，因此在计算机视觉领域用图像像素的一阶导数来表示图像灰度变化是否显著。将图像 $I(x,\ y)$ 在像素点 $(x,\ y)$ 处的梯度值定义为

$$\nabla I(x,y)=\left[\frac{\partial I(x,y)}{\partial x},\frac{\partial I(x,y)}{\partial y}\right]^{\mathrm{T}}=[I_x(x,y),I_y(x,y)]^{\mathrm{T}} \tag{3-7}$$

该像素点的梯度幅值定义为

$$|\nabla I(x,y)|=\sqrt{I_x^2(x,y)+I_y^2(x,y)} \tag{3-8}$$

根据计算梯度值时的卷积模板大小和权重不同，出现了很多梯度算子。Roberts 算子就是一种简单的梯度算子，它是一个 2×2 的模板，对于边缘定位较准，是利用局部差分找图像边缘的算子，但是对噪声比较敏感，常常会出现孤立点，适用于噪声比较少且边缘明显的图像分割。Priwitt 和 Sobel 分别提出两个梯度算子。Priwitt 算子对噪声具有抑制作用，抑制噪声的原理是通过像素的平均，但是有点类似于对图像做了低通滤波。Sobel 算子也是对图像局部范围内做加权平均，但是其权重不同，离中心像素点距离越远权重越小。各个梯度模板算子如图 3-13 所示。

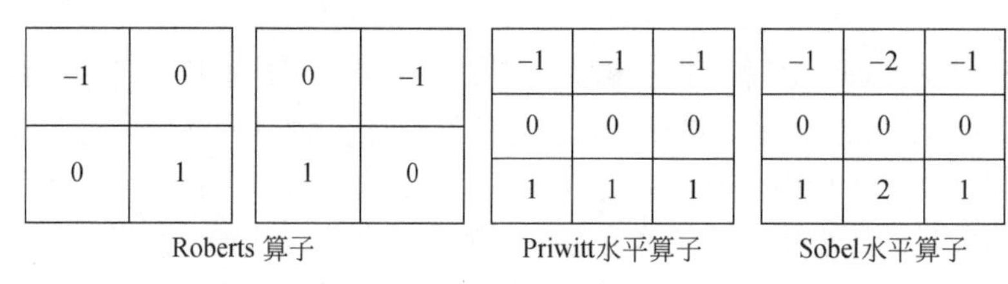

图 3-13　一阶微分梯度算子模板

(2) 二阶微分梯度算子

由于一阶导数有局部最大值，因此其二阶导数为零，所以在图像边缘点出现峰值时，其就会有二阶导数的零点，于是拉普拉斯提出了二阶导数边缘检测算子 Laplace 算子。该算子是不依赖于边缘梯度方向的模板算子。它是各向同性的算子，因此其计算量较小。图像 $I(x,\ y)$ 的拉普拉斯梯度定义为

$$L(x,y)=\frac{\partial^2 I}{\partial x^2}+\frac{\partial^2 I}{\partial y^2} \tag{3-9}$$

拉普拉斯算子常用模板如图 3-14 所示。

0	1	0
1	–4	1
0	1	0

图 3-14　拉普拉斯常用模板

由上述模板可以看出，在检测较暗区域中的高亮区域时，拉普拉斯就会使其变得更亮，因此与一阶梯度算子一样，拉普拉斯也不能抑制噪声点，因此在1980年，Marr-Hildreth 在拉普拉斯算子的基础上进行改进，提出了 LOG 算子，该方法利用高斯模糊对图像进行平滑操作，减少图像噪声，然后对图像进行拉普拉斯梯度检测。高斯滤波核函数公式如下：

$$G_\sigma(x,y) = \frac{1}{2\pi\sigma}e^{\left(-\frac{x^2+y^2}{2\sigma^2}\right)} \tag{3-10}$$

式中，σ 为高斯标准差。LOG 梯度被定义为

$$\nabla^2 G = \frac{\partial^2 G}{\partial x^2} + \frac{\partial^2 G}{\partial y^2} = \frac{-2\sigma^2 + x^2 + y^2}{2\pi\sigma^6}e^{\left(-\frac{x^2+y^2}{2\sigma^2}\right)} \tag{3-11}$$

其梯度模板如图 3-15 所示。

0	0	1	0	0
0	1	2	1	0
1	2	−16	2	1
0	1	2	1	0
0	0	1	0	0

图 3-15　LOG 算子常用模板

（3）Canny 算子

Canny 算子是将图像平滑去噪声，图像增强和检测相结合的算子，在梯度检测时，Canny 算子利用高斯函数对图像进行平滑去噪，然后检测图像的每个像素点的梯度值和方向，利用非极大值抑制原理，将像素点邻域内像素值有显著变化的像素点凸显出来，以达到图像增强的效果，最后用双阈值和边缘连接生成最终的梯度图。Canny 算子去噪能力强，能够解决噪音和边缘检测之间的矛盾，能够检测到梯度较弱的弱边缘，但也会把一些边缘点平滑掉，引入伪边缘点。

3. 5. 1. 2　散焦深度线索

理想情况下的点光源的成像模型如图 3-16 所示，场景中某一点 P 通过相机的主透镜在传感器上形成像点 P'。假设透镜的焦距为 f，即为物距为 u，像距为 v。则当像距、物距和透镜焦距满足成像公式时，在传感器上所成像为一个点。成像公式如下：

$$\frac{1}{u} + \frac{1}{v} = \frac{1}{f} \tag{3-12}$$

当像距、物距和透镜焦距不满足上述公式时，场景点在传感器上成像即为一

个圆斑，散焦越严重其半径越大，光场相机的散焦模型如图 3-17 所示。

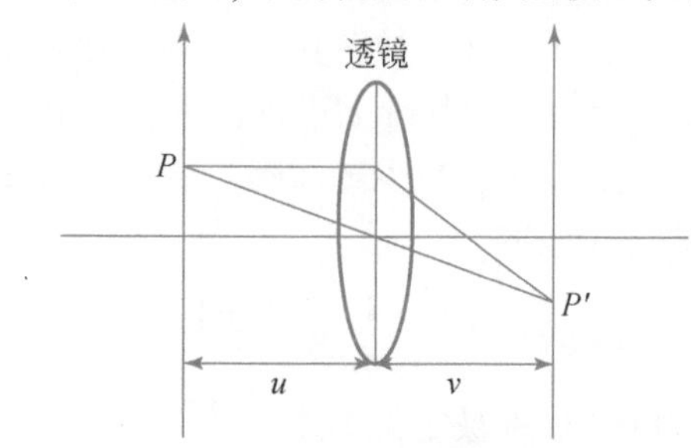

图 3-16　透镜成像模型

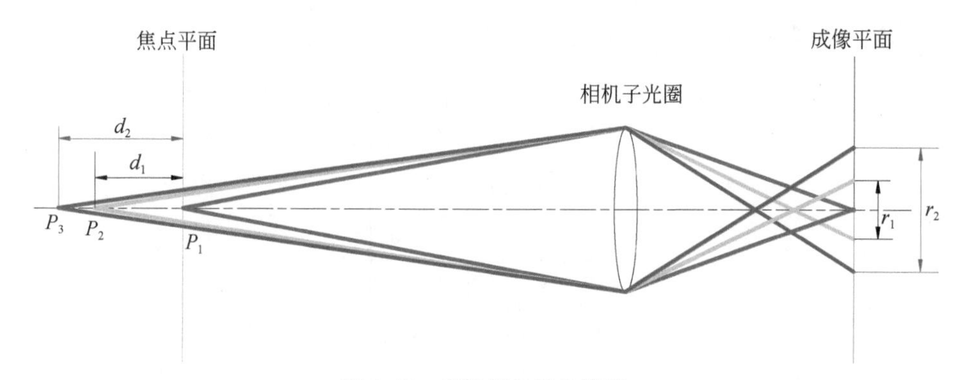

图 3-17　光场相机散焦模型

场景焦点平面上的一点（P_1）发出一条光线，经薄透镜后聚焦在传感器平面的某点处，形成一个清晰图像，若入射光线来自焦点平面外的点（P_2、P_3），则入射光线经薄透镜后在传感器平面散射形成一个圆面，其半径（r_1、r_2）随着入射光线圆点与焦点平面之间距离的增加而增大，因此，图像会出现模糊现象，散射圆面的半径越大，模糊程度越严重，如 P_3 点在成像后比 P_2 点模糊程度更加严重。这就是离焦导致的清晰图像退化现象，且目标场景图像退化程度会随着物体与对焦平面之间距离的增加呈上升趋势。真实场景图像如图 3-18 所示。

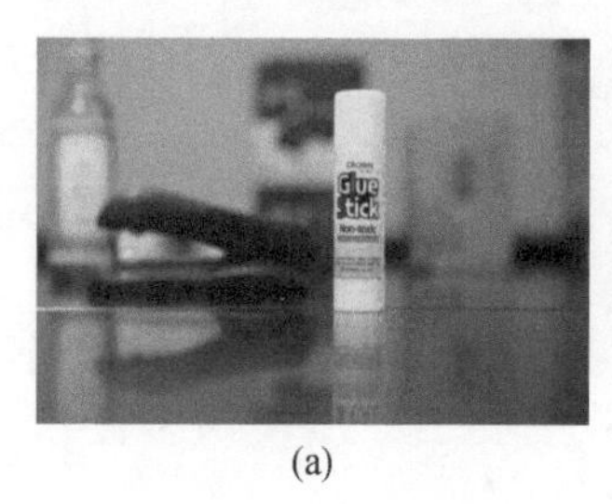

(a)

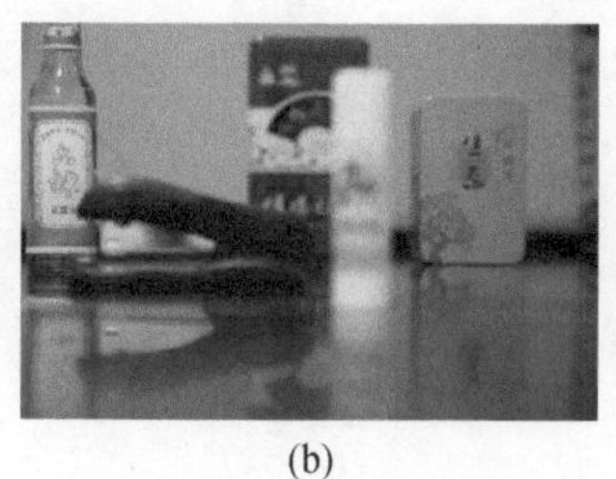

(b)

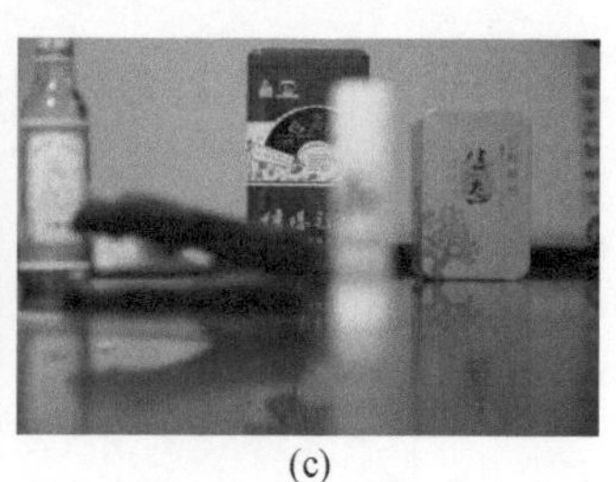

(c)

图 3-18　真实场景散焦退化图

由于图像离焦会产生一个模糊圈，模糊圈不是一个亮度均匀的圆面，由于受到光学条件的影响呈现中心亮边缘逐渐模糊的光斑，与二维高斯分布函数非常近似，因此，可以采用二维高斯函数代表离散模糊圈的亮度变化情况，即高斯点扩散函数（Gaussian point spread function），也称为模糊核，公式如下：

$$g(x,y)=\frac{1}{2\pi\sigma^2}\mathrm{e}^{-\frac{x^2+y^2}{2\sigma^2}} \tag{3-13}$$

σ 为高斯标准差为模糊圈的模糊参数，其值越大表示模糊程度越高，对应的模糊圈半径越大，因此，假设模糊圈半径为 d，则高斯点扩散函数的高斯标准差与模糊圈半径之间关系可表示为

$$d=k\sigma \tag{3-14}$$

式中，k 为倍数。

在傅里叶光学理论中，相机的成像过程是一个线性不变的过程，离焦模糊造成的图像退化可以看作一幅清晰图像 $s_0(x,\ y)$ 与高斯点扩散函数 $g(x,\ y)$ 进行卷积的过程：

$$s(x,y)=s_0(x,y)\times g(x,y) \tag{3-15}$$

物体经过微透镜聚焦光线，物距和相机透镜焦距之间的关系决定了物体在图像上的清晰程度。当偏离理想成像面时，根据光场相机散焦退化模型图，深度信息的计算公式为

$$u=\frac{f\times v}{v-f-rF} \tag{3-16}$$

其中，

$$F=\frac{f}{2r_a} \tag{3-17}$$

式中，u 为物体深度，f 为焦距，v 为像距，r 即为散焦的半径，r_a 为光圈半径，F 为相机光圈数。

由上述公式可知，如果测量出高斯标准差 σ，然后根据相机的各种参数就可以计算出物体的深度 u。通常利用该方法计算出物体边缘处的散焦程度，就可以计算出物体的稀疏深度图。

基于散焦线索深度估计方法有一些不足之处，该方法无法准确区分图像中的模糊边缘是由于散焦原因造成的，还是图像本身的一些纹理特征造成的图像模糊，也无法确定模糊边缘应该在聚焦平面的前方还是后面，并且不是经过标定的相机无法获得绝对深度信息，只能获取相对深度信息。

目前效果好、流行最广的散焦深度估计方法有 Zhuo 和 Sim（2011）提出的仅用单幅图像估计场景的散焦程度法（即为相对深度法），该方法通过计算图像中的边缘阶跃特性的散焦程度来获取深度图，该方法求解过程如图 3-19 所示。

它首先用已知的高斯核函数以及模糊的散焦边缘进行卷积得到二次模糊的边缘，其次求模糊边缘和二次模糊边缘的梯度比值，并利用该比值求出图像边缘处的深度信息获得深度图。具体算法过程介绍如下。

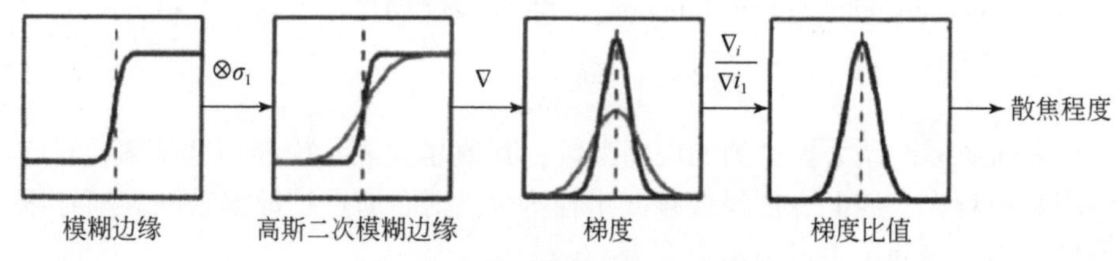

图 3-19　单幅图像散焦测距方法

首先，上述方法将理想的边缘阶跃模型定义为

$$f(x) = Au(x) + B \tag{3-18}$$

式中，$u(x)$ 即为阶跃函数，边缘位于 $x=0$ 处，A 和 B 都为常数。

然后将散焦模糊 $b(x)$ 的边缘表示为点扩散函数和聚焦图像边缘 $f(x)$ 的乘积，即图像退化。其中点扩散函数用高斯分布函数 $g(x,\sigma)$ 来近似表示，σ 为标准差，与模糊边缘的散焦半径呈一定比例。

$$b(x) = f(x) \times g(x,\sigma) \tag{3-19}$$

该方法中的高斯分布函数来近似点扩散函数，并用高斯核函数与散焦模糊边缘 $b(x)$ 进行卷积得到二次模糊的边缘 $b'(x)$，并计算其梯度值，然后可得：

$$\begin{aligned}\nabla b'(x) &= \nabla[b(x) \times g(x,\sigma')] \\ &= \nabla\{[Au(x) + B] \times g(x,\sigma) \times g(x,\sigma')\} \\ &= \frac{A}{\sqrt{2pi(\sigma^2 + \sigma'^2)}}\mathrm{e}^{\left[-\frac{x^2}{2(\sigma^2+\sigma'^2)}\right]}\end{aligned} \tag{3-20}$$

式中，σ' 为第二次高斯模糊时的标准差，A、B 为常数。然后，可以计算原始图像中模糊边缘的梯度值和二次模糊之后的梯度值之比，即

$$\left|\frac{\nabla b(x)}{\nabla b'(x)}\right| = \sqrt{\frac{\sigma^2 + \sigma'^2}{\sigma^2}}\mathrm{e}^{\left\{-\left[\frac{x^2}{2\sigma^2}-\frac{x^2}{2(\sigma^2+\sigma'^2)}\right]\right\}} \tag{3-21}$$

由式（3-21）可知，当 $x=0$ 时，上述公式比值最大，即

$$R = \left|\frac{\nabla b(x)}{\nabla b'(x)}\right| = \sqrt{\frac{\sigma^2 + \sigma'^2}{\sigma^2}} \tag{3-22}$$

由式（3-22）可计算得出：

$$\sigma = \frac{1}{\sqrt{R^2 - 1}}\sigma' \tag{3-23}$$

由于二次模糊的时候标准差已知，所以即可求得原始图像中的散焦边缘的散

焦程度。

因此本文中将焦点堆栈中的每一层的散焦响应定义为

$$D_{\alpha}(x) = \frac{1}{|W_D|}\sum_{x' \in W_D} \left| \Delta_x \frac{1}{N_{\mu}} \sum_{\mu'} L_{\alpha}(x, u') \right| \tag{3-24}$$

对于某个像素点来说，散焦响应的结果值越大，代表该位置的高频分量所占的比率越大，此时该像素点接近理想聚焦状态，其散焦响应的值越小，像素点出现扩散现象，其高频分量损失严重，此时像素点处于一种散焦的状态。因此，在焦点堆栈中，通过寻找散焦相应的最大值来确定每一个像素点的对焦深度索引，当散焦响应为最大值时，该像素点所对应的索引即为该像素点对应的深度值，利用式（3-25）进行表达。

$$\alpha_D(x, y) = \arg\max_{\alpha} D_{\alpha}(x, y) \tag{3-25}$$

散焦线索响应结果如图 3-20 所示。

(a) 原始图像

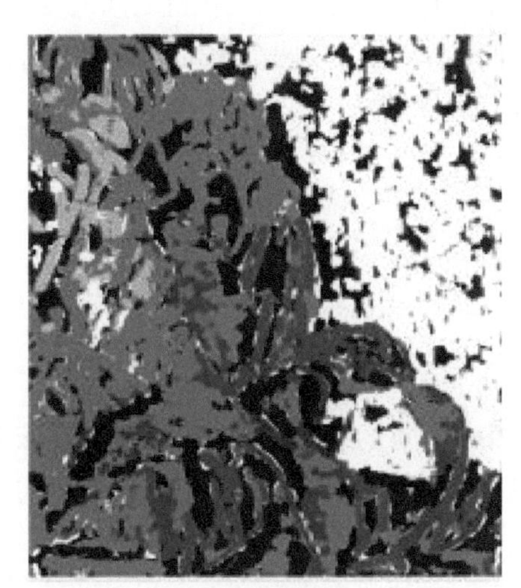

(b) 散焦线索响应

图 3-20　散焦线索响应结果

3.5.1.3　匹配深度线索

视差一般是在双目立体视觉产生的。在基于人类双眼的视差原理中，拍摄同一场景的两种不同视角下的图像，两幅影像间产生的差异。在双目视觉中，根据成像的原理，计算场景中的点在两幅图像中对应像素间的位置偏差，同时结合相机的位置以及相机校正后的固定参数可以估计场景中的深度。立体视觉示意图如图 3-21 所示。

图 3-21 中，两个光轴保持平行的相机对视场一点进行拍摄，O_1，O_2 分别为

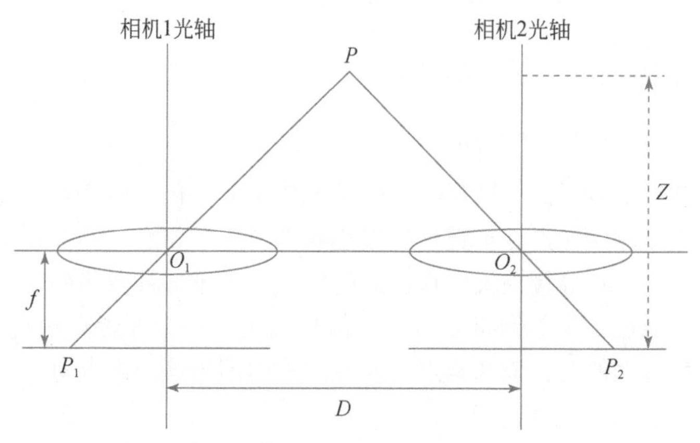

图 3-21　平行双目立体视觉测距原理

两个相机的光心，两个相机之间的距离也就是基线为 D，Z 为场景目标与成像面之间的距离，f 为两个相机的焦距，P_1，P_2 分别为两个摄像机拍摄的图像中对应的两个像素点，在传感器上的坐标点分别为（x_1，y_1），（x_2，y_2），其中 $y_1 = y_2$。根据三角形的相似原理可知：

$$\frac{D}{Z} = \frac{B - (x_2 - x_1)}{Z - f} \tag{3-26}$$

则由式（3-26）计算得 P 点的深度计算公式：

$$Z = \frac{Df}{x_1 - x_2} \tag{3-27}$$

式中，P 点的视差值为 x_1-x_2 时，在该值即为 P 点在视差图上的灰度值。由此可得，视差图中某一点的灰度值，与场景中对应的视点到摄像机的距离成反比。由于双目立体视觉是由两个相机拍摄的图像，所以在实际操作中，由于相机的拍摄姿态，摄像机的硬件误差，以及光线强度等条件的影响，这两幅图像之间必定存在一定的差异，畸变和偏移等。使得视差值并不一定时 x_1-x_2。因此，需要对两幅图像进行预处理操作，用以校正图像，才能接近理想状态。

但是，由于光场相机是通过透镜阵列一次成像形成多角度的影响，所以光场相机的一次曝光获得的多张有视差的子孔径图像的特殊属性可以有效的避免上述的问题。在一次曝光过程中相机姿态，光线强度以及相机硬件都是相同的，操作方便并且打破了只能拍摄静态场景的限制，同时避免了在立体匹配计算之前的预处理校正问题，减少了操作复杂度。

光场相机的子孔径图像主要来自主透镜不同视角的图像，由于微透镜之间的基线较小，因此相邻子孔径图像之间的视差很微小，基本在亚像素级的范围内，所以光场相机的匹配是在亚像素的单元上，与传统的整个像素的对比，其实现精度和复杂度都有较大的难题。

考虑到光场图像重聚焦过程中引入了误差和噪声，假设进入光场相机内部的光线服从高斯分布，当场景点清晰成像时，该点对应的角度块中像素满足匹配关系，灰度值比较近似，此时角度块具有较小的方差值，可以用方差作为匹配响应的测度。

对于重聚焦平面上的像素点（x，y），则聚在该像素点上的所有光线 $R(u, v, x, y, c)$，分别计算这些光线在 RGB 三通道的均值图像 $\mu(x, y, c)$ 和方差 $\sigma(x, y, c)$，计算方式如式（3-28）和式（3-29）所示：

$$\mu(x,y,c) = \frac{1}{u \times v}\sum_{u}\sum_{v} R(u,v,x,y,c) \tag{3-28}$$

$$\sigma(x,y,c) = \sqrt{\frac{1}{u \times v}\sum_{u}\sum_{v}\left(R(u,v,x,y,c) - \mu(x,y,c)\right)^2} \tag{3-29}$$

式中，$u \times v$ 为光场图像的角度分辨率，也是子孔径图像的个数。

因此，像素点匹配响应值 $C(x, y)$ 的计算公式为

$$C(x,y) = \sigma(x,y,c) + \left|R(0,0,x,y,c) - \mu(x,y,c)\right| \tag{3-30}$$

当匹配响应值为最小时，角度块中的像素灰度值相同，此时角度块中的像素点对应空间中的同一场景点，即为像素点的理想匹配。当匹配响应取值较大时，角度块中的像素灰度值差异较大，对应空间中同一场景点的概率较小，像素点达不到匹配的要求。因此对于某个像素点来说，在所有的重聚焦的深度中，找到匹配响应最小值所对应的深度值 α（x，y），用式（3-31）来表示。

$$\alpha(x,y) = \arg\min_{\alpha} C_{\alpha}(x,y) \tag{3-31}$$

利用匹配响应计算结果如图 3-22 所示。

(a) 原图

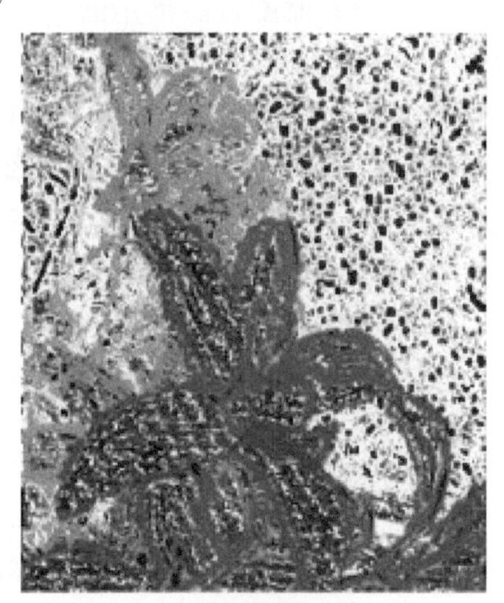

(b) 匹配线索响应

图 3-22　匹配线索响应结果

3.5.2 散焦与匹配双线索融合方法

上文阐述了梯度线索、散焦线索和匹配线索，这三种线索在实质上只是深度线索在不同维度上的表现。梯度线索由于重聚焦的焦点堆栈图像间距离较近，造成梯度值的大小对比不是很明显，造成全局效果较差。散焦线索深度恢复方法对场景中重复纹理区域的鲁棒性比较好，但是散焦方法容易引入散焦误差，导致距离对焦平面比较远的目标物体无法得到准确的深度值。而基于匹配线索得到的深度图在匹配过程中存在多义性，且在实际的应用场景中对噪声、遮挡、弱纹理以及重复纹理区域鲁棒性交叉，还会产生深度不连续的现象，深度图的结果中包含了很多空洞和外点。由此可见单一利用一种深度线索计算深度图还存在很多问题，面临着精度低质量差、鲁棒性差的问题。

利用两种深度线索融合来获取高质量的深度图，将散焦线索和匹配线索相结合的方法获取深度图。上文中，散焦响应 $D(x, y, \alpha)$ 为焦点堆栈中所有深度的图像的散焦响应值，匹配响应 $C(x, y, \alpha)$ 为焦点堆栈中所有深度的图像匹配响应值。散焦响应和匹配响应的计算结果在值域上可能存在不一致的现象，因此在两种线索融合前，先对两者的计算结果进行预处理，即归一化处理。可以采用最常见的最大最小值归一化处理，分别对散焦响应和匹配响应进行逐个像素点的归一化处理。

对于图像中的某一个像素点来说，在焦点堆栈中，寻找散焦响应最大时所在的重聚焦平面，此时该像素点近似为理想对焦状态，对应的深度参数即为 $\alpha_D(x, y)$ 。寻找匹配响应最小时所在的重聚焦平面，此时该像素点接近理想的匹配状态，对应的深度参数即为 $\alpha_C(x, y)$ 。

然而，两种线索得到的深度参数和最优的理想参数可能存在一定的误差，因此采用置信度的方法融合两种深度线索的计算结果中。采用峰值比来计算散焦置信度和匹配的置信度。针对每一个像素点，提取出该像素点在焦点堆栈中每一层的散焦和匹配响应，寻找散焦响应最大值和第二最大值以及匹配响应的最小值和第二小值，散焦置信度和匹配置信度的计算公式如下：

$$C_D(x,y) = \frac{D_{\alpha 1}(x,y)}{D_{\alpha 2}(x,y)} \tag{3-32}$$

$$C_C(x,y) = \frac{C_{\alpha 1}(x,y)}{C_{\alpha 2}(x,y)} \tag{3-33}$$

式中，$D_{\alpha 1}(x, y)$ 和 $D_{\alpha 2}(x, y)$ 分别为散焦响应的最大值和第二最大值，$C_{\alpha 1}(x, y)$ 和 $C_{\alpha 2}(x, y)$ 分别为匹配响应的最小值和第二最小值。

本书中的置信度即为两种深度线索融合时的权重，置信度越大，则该种线索计算的可信度越高，具体操作公式如下。

$$C(x,y,\alpha) = C_c(x,y)^{\lambda_c} \times C'(x,y,\alpha) + C_D(x,y)^{\lambda_D} \times [1 - D'(x,y,\alpha)] \tag{3-34}$$

式中，λ_c 和 λ_D 分别为散焦响应和匹配响应对于深度估计贡献度的系数，文中对于二者的值先分别假设取值为 0.2 和 0.6。

一般情况下，在不采取全局优化处理的情况下，可以通过“赢者通吃”的方法对来获取的最终的场景深度估计结果 d，其过程就是逐个像素搜索多线索融合后的最小值作为深度参数作为当前像素点的深度值，具体操作如式（3-35）。

$$d = \arg\min_{\alpha} C(x,y,\alpha) \tag{3-35}$$

当然，一般情况下需要对深度图进行全局优化。采取全局优化算法对深度图进行了全局优化，其具体结果如图 3-23 所示。

(a) 原图

(b) 多线索融合结果

图 3-23　多线索融合深度结果

3.6　全聚焦图像结果与分析

3.6.1　全聚焦图像生成

基于光场数据不仅可以生成不同对焦平面的影像，同时可以生成在景深范围内都清晰的所谓全聚焦影像。生成全聚焦影像的过程就要利用到深度图。利用多深度线索融合的方法获取相对高质量的深度图，假设最终的到的深度图为 $d(x, y)$，对于每一个像素 (x, y)，在这里把深度图当作一幅深度索引图，其实就是焦点堆栈中每一个像素的对焦深度，是一个相对位置，在本书中，生成全聚焦图像时，一共生成了 256 张，即 $dr_{max}=256$，因此我们的深度索引图为一幅灰度图像。利用此深度图生成的全聚焦图像 $f(x, y)$，具体公式为

$$f(x,y)=L[x,y,dr]=L[x,y,d(x,y)] \tag{3-36}$$

根据深度索引图，从焦点堆栈中该索引值所对应的深度中，提取该像素点的值，根据上述规则逐个提取像素值重新拼合成一幅新的图像即为全聚焦图像。全聚焦结果如下图 3-24 所示。

(a) 原图

(b) 全聚焦图像

图 3-24　全聚焦结果展示

3.6.2　全聚焦图像结果评价

图像的清晰度和信息量会影响光场特征点的提取，进而影响光场间转换关系的计算。全聚焦图像的每个局部都采用了对焦较为清晰的图像，除了从定性的可视角度来评价各种不同方法形成的全聚焦图像的质量外，一些定量的指标也是十分必要的。本章介绍的利用两种深度线索计算出深度图进而得出全聚焦图像，改进之后的方法比之前常见全聚焦算法清晰度高，信息量丰富，并且可以提取更多的特征点。定量评价指标指标从不同的角度选择有不同的定量参数，本书定量指标选择表现信息量的熵函数（Entropy 函数），代表纹理和细节的点锐度函数（EVA 函数），以及代表边缘和图像细节的 Tenengrad 函数，灰度方差函数

（SMD）以及方差函数来评价。为了表征全聚焦图像的应用效果，本书也采用常见的特征点提取算法 SIFT、SURT、ORB 等算法对特征点的数量进行比较。具体的全聚焦结果如下图 3-25 所示。

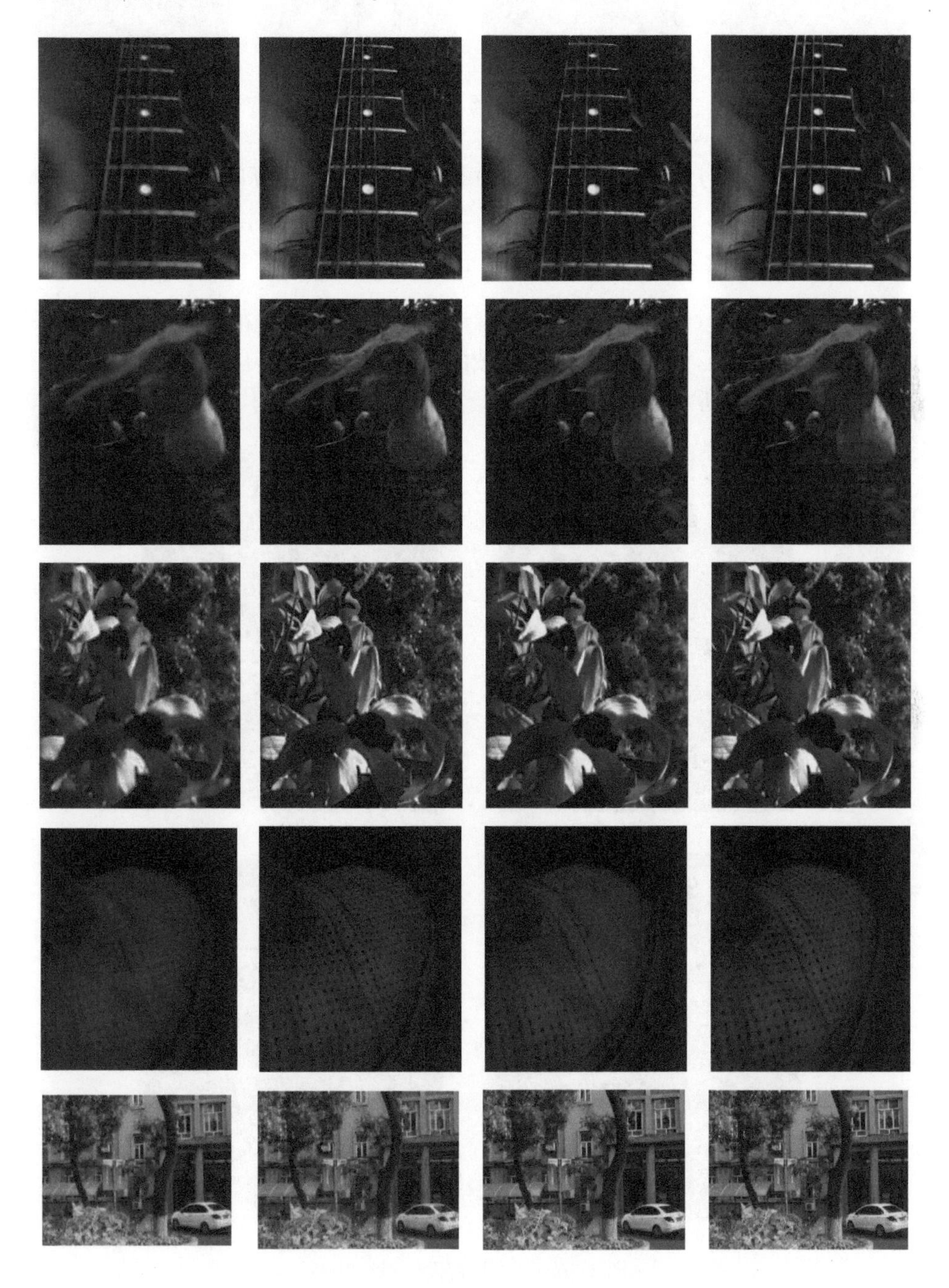

梯度方法

散焦线索方法

匹配线索方法

融合方法

图 3-25　多图像全聚焦结果展示

下文将从目视评价、特征点数量、清晰度评价等三个方面来进行对比分析各种不同方法的差异。

3.6.2.1　目视评价

定量评价是对全聚焦图像全局进行计算和评价，而目视方法更能体现全聚焦图像的图像细节，能体现在局部区域的提升效果。局部目视效果展示图像如图 3-26、图 3-27 所示。

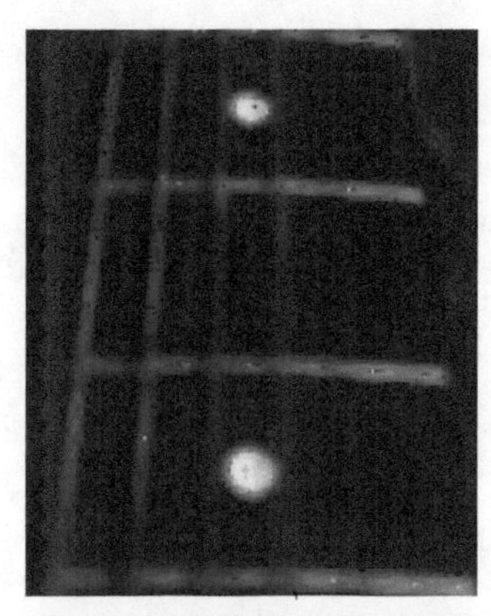
梯度方法

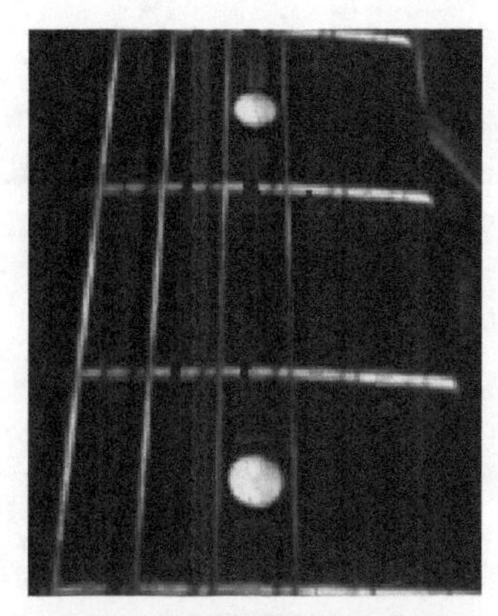
散焦线索方法

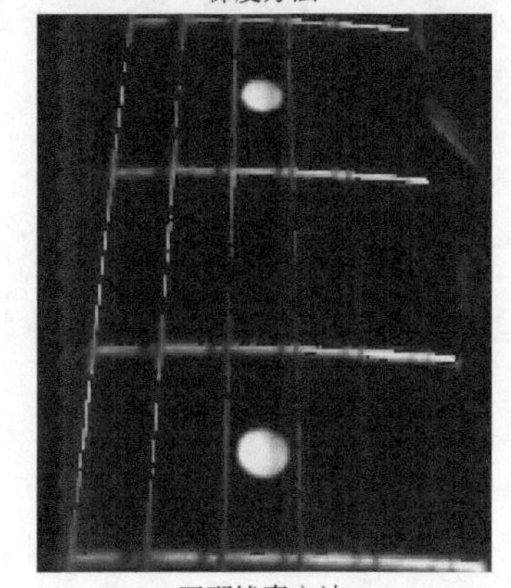
匹配线索方法

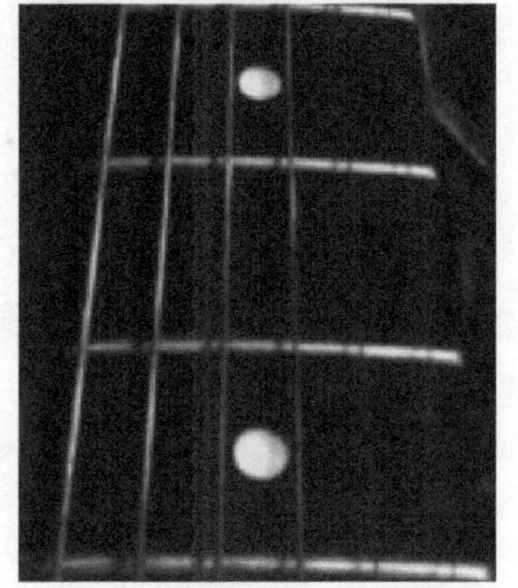
融合方法

图 3-26　琴面局部图像对比结果

梯度方法

散焦线索方法

匹配线索方法

融合方法

图 3-27　窗户局部区域对比结果

融合方法在重复纹理区域，弱纹理区域以及边缘区域表现都较好。该方法在整个图像范围内无论是边缘、重复纹理或弱纹理区域都会存在失焦现象，因此该方法表现最差。而散焦线索方法在重复纹理和弱纹理区域表现较差，如散焦线索方法中的琴面，玻璃和墙壁。匹配线索方法在高亮区域表现能力较弱，在高亮区域会出现不连续现象，如匹配线索方法的琴弦和墙壁的边缘部分。综上所述，融合方法在弱纹理和重复纹理区域，以及高亮区域表现都非常好，从目视效果上很大程度上优于其他方法。

3.6.2.2　特征点数量

获取高质量全聚焦图像目的即为了提取更多的特征点用于光场间特征匹配，在特征点数量方面选择 SIFT、SURF 和 ORB 特征点提取方法进行展示和评价。下面会介绍这几种特征点的详细提取过程。

（1）SIFT 特征点

2004 年 David Lowe 将自己提出的 SIFT 算法进行完善，它是一种局部特征提取方法，具有如下特点：

1）对于图像的旋转，平移和缩放具有旋转不变性；

2）对于仿射变换，光线弱变化以及噪声和视角改变具有鲁棒性；

3）具有尺度不变性；

SIFT 算法的提取过程可以分为以下 4 个主要步骤：

1）在差分金字塔上检测局部极值点；

2）关键点定位；

3）特征点的方向确定；

4）生成 SIFT 特征点 128 维描述子。

图像的极值点检测时的高斯金字塔是图像 $I(x, y)$ 的尺度空间 $S(x, y, \sigma)$ 是不同的高斯标准差 σ 的高斯核函数 $G(x, y, \sigma)$ 与图像 $I(x, y)$ 的卷积结果，其公式如下：

$$S(x,y,\sigma) = G(x,y,\sigma) \times I(x,y) \tag{3-37}$$

然后对高斯金字塔计算得到拉普拉斯金字塔，两个金字塔进行了高斯差分（DOG），在高斯差分金字塔上提取 SIFT 特征点，公式如下：

$$D(x,y,\sigma) = [G(x,y,k\sigma) - G(x,y,\sigma)] \times I(x,y) \tag{3-38}$$

在高斯差分金字塔的相邻三层 26 个像素内进行极值点检测，即为 SIFT 特征点，然后需要确定关键点的方向，Lowe 利用直方图统计的方法确定了特征点的方向。先使用直方图的方法统计关键点在高斯金字塔图像中的梯度赋值和方向，然后将梯度直方图按照每一个柱子 10 度的方法将 360°分成了 36 份，直方图最大值的方向设置为主方向。关键点的梯度值以及方向角计算公式如式（3-39）所示：

$$G(x,y) = \{[S(x+1,y) - S(x-1,y)]^2 + [S(x,y+1) - S(x,y-1)]^2\}^{1/2} \tag{3-39}$$

$$\theta(x,y) = \tan^{-1}\frac{S(x,y+1) - S(x,y-1)}{S(x+1,y) - S(x-1,y)} \tag{3-40}$$

最终计算 SIFT 特征点的 $4\times4\times8=128$ 维的特征描述子。

（2）SURF 特征点

SURF 算法不仅具有 SIFT 算法对尺度变化和光照变化的优良匹配性能，还具有更高的运算速度和鲁棒性，运行效率是 SIFT 算法的三倍。

SURF 算法主要分为三个步骤：

1）Hessian 矩阵和构造高斯金字塔；

2）特征点检测和主方向确定；

3）生成特征描述子。

SURF 算子采用 Hessian 矩阵行列式检测特征点，高斯拉普拉斯方法能保证图像尺度的不变性，SURF 算法把 Hessian 矩阵和拉普拉斯进行结合，实现了尺度不敏感的 Hessian 矩阵的特征不变性。图像中某一个像素点的 Hessian 矩阵如式（3-41）：

$$H(x,\sigma)=\begin{bmatrix}L_{xx}(x,\sigma) & L_{xy}(x,\sigma)\\ L_{xy}(x,\sigma) & L_{yy}(x,\sigma)\end{bmatrix} \tag{3-41}$$

矩阵行列式的判别式结果可表示为

$$\det[H(x,\sigma)]=D_{xx}D_{yy}-(0.9\times D_{xy})^2 \tag{3-42}$$

然后可以通过判别式确定特征点，0.9 为经验值，用来平衡替换所带来的误差。然后将所有经过 Hessian 矩阵处理后的像素点与金字塔相邻的三层的 26 个任一点进行对比计算极大值，然后设置合适阈值，最终筛选出稳定的特征点。最终确定每个特征点的 64 为特征向量描述子。

（3）ORB 特征点

ORB 算法检测特征点检测速度较 SIFT 和 SURF 要快很多。它采用 FAST 角点进行特征检测，对 FAST 特征点进行了小部分改进与优化。FAST 特征点检测的特征点不具有尺度不变性和方向。因此 ORB 建立了尺度空间，构建图像金字塔并计算每一层所需要的特征点数目 N。在金字塔图像的每一层上检测 FAST 特征点，并根据 FAST 特征点的响应值排序，保留特征点中前 $2N$ 个特征点点。然后 ORB 采用灰度重心法，根据特征点像素值和其邻域内的中心像素之间偏移量作为特征点的主方向。一个特征点 P 的邻域 Q 的矩为

$$m_{pq}=\sum_{x,y}x^p y^q I(x,y) \tag{3-43}$$

相应的邻域 S 的中心点为

$$C=\left(\frac{m_{10}}{m_{00}},\frac{m_{01}}{m_{00}}\right) \tag{3-44}$$

则该特征点与中心点之间的夹角 θ，也就是特征点主方向为

$$\theta=\mathrm{actan2}(m_{01},m_{10}) \tag{3-45}$$

ORB 利用 BRIEF 描述子对特征点进行描述，BRIEF 描述子本质上就是一个二值串，并不需要去计算一个类似的 SIFT 描述子。它需要先对图像进行平滑操作，然后在特征点周围选择一个邻域，然后在此邻域内通过一种选定的方法来挑选点对 p 和 q，对每一组点对比较两个点的亮度值 $I(p)$ 和 $I(q)$，如果 $I(p)>I(q)$ 则这个点对生成了二值串中一个的值为 1，如果 $I(p)<I(q)$，则对应在二值串中的值为 -1，否则为 0。最终生成了二进制串面积为特征描述符，有着很好的识别率。

（4）特征点数目对比

利用上述三种特征点对全聚焦图像进行评价，具体检测结果图 3-28 所示。

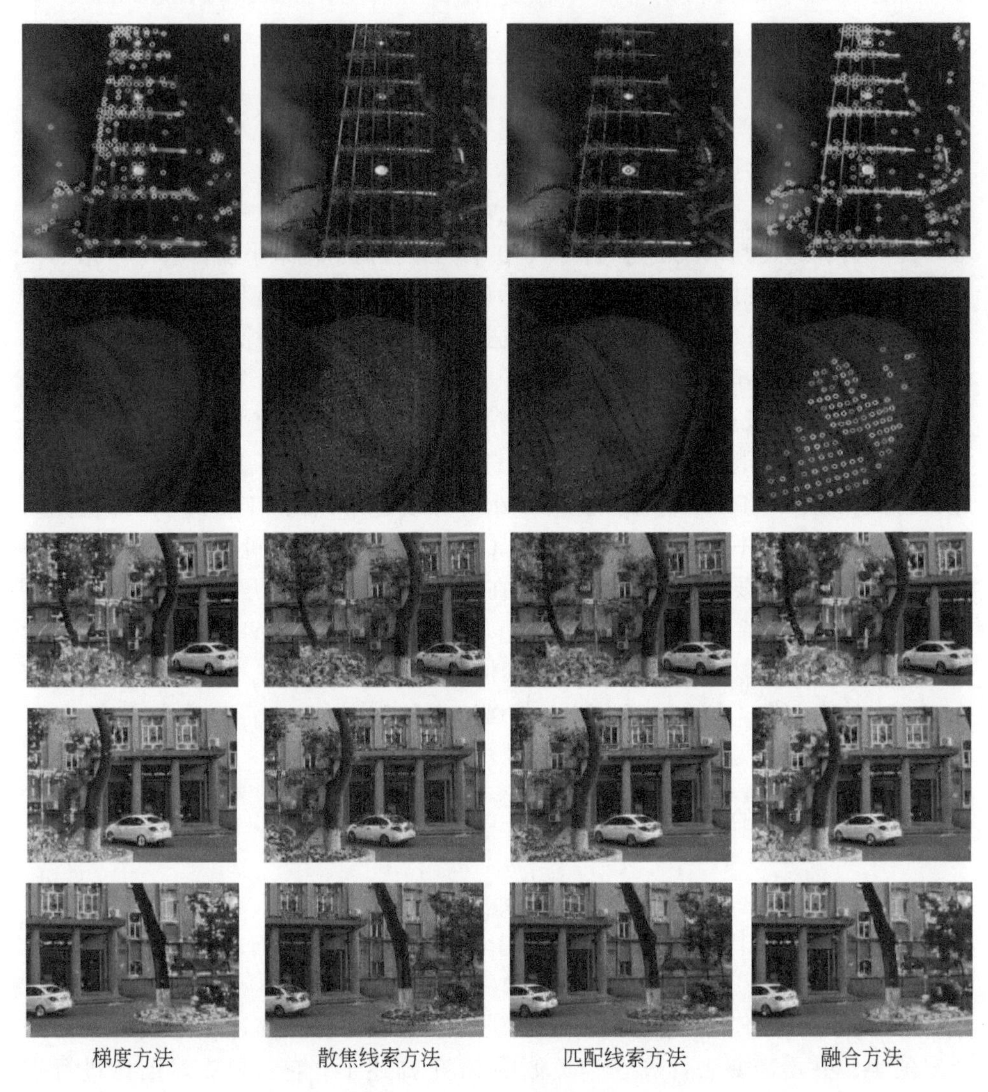

图 3-28　特征点检测结果

对于特征点数目，我们进行了统计，并进行对比，具体统计结果如表 3-1 所示。

表 3-1　全聚焦图像特征点数量对比　　　　（单位：个）

检测方法	梯度方法	散焦线索	匹配线索	融合方法
SIFT	198	491	307	486

续表

检测方法	梯度方法	散焦线索	匹配线索	融合方法
SURF	398	538	477	541
ORB	290	411	287	416

从图3-30和表3-1中可知散焦线索方法和融合方法在特征提取方面明显优于梯度和单一匹配方法，散焦线索和融合方法在本书中对于特征点检测数量相差不大，在SURF和ORB特征点检测方法中，其特征点数量优于散焦方法。并且融合方法所提取特征点比其他三种方法分布略微分散，这也有利于图像之间的特征匹配，减少误匹配。

由上述讨论可知，融合方法在定量指标和特征点数量方面明显优于梯度和单一匹配线索方法，略高于散焦线索方法，但是定量指标方法是针对于整幅图像而言。从局部图像目视效果对比可知，融合方法在弱纹理，重复纹理和高亮区域表现都较好，而其他三种方法都有明显缺点，在目视效果上与本文方法差距较大。综上所述，本书方法在定量评价、目视效果以及特征点数量方面都优于其他三种方法。

3.6.2.3 清晰度评价

从无参考图像清晰度评价的众多函数中筛选出Tenengrad函数，方差函数，EVA函数，灰度方差函数以及熵函数对图像质量从不同方面进行定量评价。Tenengrad函数是一种基于梯度的函数，可以用于检测图像是否具有清晰尖锐的边缘，图像越清晰其Tenengrad值越大。方差函数是概率论中用来考查离散数据和期望之间离散程度的度量方法，由于清晰图像相比模糊图像其像素之间灰度差异应该更大，利用方差评价图像清晰度，方差值与图像清晰度成正比。灰度方差函数用于描述图像中的高频分量，图像越清晰，高频分量越多，因此灰度方差函数越大，图像越清晰。EVA函数用于描述纹理和边缘细节锐化程度，客观程度上描述边缘点扩散的情况，其值越大，图像边缘越清晰，图像质量越高。图像信息熵表达了图像信息丰富的一个重要指标，熵值越大，信息量越大。

（1）梯度函数

图像的梯度是描述图像特征的一个重要信息，图像边缘的梯度在一定程度上表现了图像的锐化和清晰程度，理想的图像边缘具有会读跳跃的特性，然而对于未经处理的图像，成像过程的不完善使图像边缘具有一定的散焦现象，表现为图像模糊。图像的边缘梯度值可以从侧面反映图像的清晰程度，因此可以利用图像边缘的梯度来评价图像的清晰度。

图像 $I(x, y)$ 的梯度值总和可以用 G_I 来表示，p 为图像的像素点 (x, y)，则一幅图像的梯度值计算公式如下：

$$G_I = \sum_0^x \sum_0^y \sqrt{I_x^2(x,y) + I_y^2(x,y)} = \sum_0^x \sum_0^y \sqrt{\left(\frac{\partial I(x,y)}{\partial x}\right)^2 + \left(\frac{\partial I(x,y)}{\partial y}\right)^2} \tag{3-46}$$

利用整幅图像的梯度值总和可以描述一幅图像清晰程度，图像越清晰，边缘位置的灰度变化越大，梯度值越大；反之，越模糊的图像，图像不够锐利，边缘变化不明显，其梯度总值越小。

（2）灰度熵函数

熵函数法是根据香农信息论提出来的，香农认为熵越大时信息量越多，将此原理应用到图像清晰度评价中，可以认为在图像能量一定的情况下，图像熵越大则图像越清晰。基于熵函数法的图像清晰度定义如下：

$$E(I) = -\sum_x \sum_y I(x,y)\ln[I(x,y)] \tag{3-47}$$

式中，$I(x, y)$ 表示图像像素值，$E(I)$ 表示图像的熵值。

（3）方差函数

清晰的图像比模糊的图像具有更大的灰度差异，因此可以将方差函数作为清晰度评级函数，方差函数定义为

$$D(f) = \sum_x \sum_y |f(x,y) - \mu| \tag{3-48}$$

式中，μ 为整幅图像的平均灰度值，μ 的计算公式如（3-49）所示：

$$\mu = \frac{1}{m \times n} \sum_x \sum_y f(x,y) \tag{3-49}$$

式中，m，n 为图像的行数和列数。

但是方差函数对噪声比较敏感，图像越清晰，其函数值越大，反之，其值越小。

（4）灰度方差函数

当图像完全聚焦时，图像最清晰，图像中的高频分量最多，当图像模糊时，像素点发生扩散，则高频分量减少，因此可以将灰度方差函数作为图像清晰度的评价指标，灰度方差函数公式为

$$D(f) = \sum_x \sum_y |f(x,y) - f(x,y-1)| + |f(x,y) - f(x+1,y)| \tag{3-50}$$

（5）点锐度函数

基于边缘的点锐度函数中，认定图像清晰程度与场景边缘处的灰度值变化情况关联比较大，即图像边缘的清晰程度与灰度变化大小程度成正比，可以通过图

像某一边缘方向的灰度变化情况来对清晰度评价，计算公式为

$$D(I)=\frac{\sum_{a}^{b}\left(\frac{d_I}{d_x}\right)^2}{|I(b)-I(a)|} \tag{3-51}$$

式中，$\frac{d_I}{d_x}$ 为边缘方向上的灰度变化比率，$I(b)-I(a)$ 为该方向总体灰度变化。

王鸿南等（2004）对上述算法进行了改进，将该算法改进为计算某像素点 8 邻域像素与该像素点灰度值之差的绝对值，并且需要将差值进行距离加权，距离近则权大，距离远则权小。改进的基于点锐度图像清晰度（EAV）计算公式如下：

$$\text{EAV}=\frac{\sum_{1}^{m\times n}\sum_{1}^{8}\left|\frac{d_I}{d_x}\right|}{m\times n} \tag{3-52}$$

式中，EAV 表示图像清晰度计算结果，m 和 n 为图像的行数和列数，d_I 为灰度变化幅值，d_x 为像元间的距离增量。在实际应用中，$\frac{d_I}{d_x}$可取像素 8 邻域进行计算，对于水平和竖直方向可取权重（距离增量）为 1，而在 45°和 135°方向上可设为 $\frac{1}{\sqrt{2}}$。

（6）清晰度评价结果

利用上述 5 个评价函数对全聚焦函数进行定量评价，具体数值如表 3-2 所示。

表 3-2　全聚焦图像清晰度评价结果

函数	梯度	散焦	匹配	融合
Tenengrad 函数	63624	66395	70287	72103
方差函数	39.6	39.79	41.74	43.16
点锐度函数	220.478	224.368	231.442	234.934
熵函数	6.2420	6.2910	6.1779	6.3169
灰度方差函数	64.6082	66.6355	67.0918	69.3558

表 3-2 中，表现边缘锐化程度的 Tenengrad 函数，融合方法比梯度方法提高 13%，比散焦方法提高 9%，比匹配方法提高 2.6%。对于表现清晰度的方差函数，融合方法相较于梯度和散焦方法提高约 9%，比匹配方法提高 3.4%。体现

纹理丰富程度和边缘细节锐化的点锐度函数中，融合方法相较于单一梯度提高7%，散焦方法提高4.7%，匹配方法提高1.5%。灰度方差函数，其数值与融合方法相较于单一梯度方法提高7.3%，散焦方法提高4.0%，匹配方法提高约3.3%。对于描述图像纹理丰富程度的熵函数，融合方法相较于其他三种方法提高较小，在0.4%和2.2%之间。综上，融合方法明显优于梯度方法，对于散焦方法和匹配方法也有一定提升，说明融合方法所生成全聚焦图像更清晰，信息丰富，边缘细节更加锐化，更利于检测到更多的特征点用于图像匹配和转换关系计算，这正是计算全聚焦图像的目的。

参考文献

王鸿南，钟文，汪静，等.2004. 图像清晰度评价方法研究. 中国图像图形学报，9（7）：581-586.

Adelson E H，Bergen J R. 1991. The plenoptic function and the elements of early vision. Computational Models of Visual Processing，（1）：3-20.

Bolles R C，Baker H H，Marimont D H. 1987. Epipolar- plane image analysis：An approach to determining structure from motion. International Journal of Computer Vision，1（1）：7-55.

Jia Y，Li W. 2017. Multi-occlusion handling in depth estimation of light fields. Hong Kong：2017 IEEE International Conference on Multimedia & Expo Workshops（ICMEW）.

Levoy M，Hanrahan P. 1996. Light field Rendering. New Orleans：The 23rd Annual Conference on Computer Graphics and Interactive Techniques.

Ng R，Levoy M，Brédif M，et al. 2005. Light field photography with a hand- held plenoptic camera. Computer Science Technical Report（CSTR），（2）：1-11.

Ng R. 2006. Digital light field photography. Palo Alto：Leland Stanford Junior University.

Pentland A. 1987. A New Sense for Depth of Field. IEEE Transaction on Pattern Analysis and Machine Intelligence，9（4）：523-531.

Subbarao M，Surya G. 1994. Depth from defocus：A spatial domain approach. International Journal of Computer Vision，13（3）：271-294.

Tao M W，Hadap S，Malik J，et al. 2013. Depth from combining defocus and correspondence using light-field cameras. Venice：The IEEE International Conference on Computer Vision.

Wang T C，Efros A A，Ramamoorthi R. 2015. Occlusion-aware depth estimation using light-field cameras. San Tiago：The IEEE International Conference on Computer Vision，3487-3495.

Wang T C，Efros A A，Ramamoorthi R. 2016. Depth estimation with occlusion modeling using lightfield cameras. IEEE Transactions on Pattern Analysis and Machine Intelligence，38（11）：2170-2181.

Zhuo S，Sim T. 2011. Defocus map estimation from a single image. Pattern Recognition，44（9）：1852-1858.

第4章 光场数据的深度估计

成像技术能够记录客观世界最丰富的纹理和各种色彩变化，人类也从未停止记录我们所生存世界的其他信息。平面信息以外的第三维信息，能够表示现实空间的三维构成。当然，第三维信息在不同的学科有着不同的名字，如测绘学科中的高程、影像学中的深度等。光场成像，能够通过单台仪器单次成像记录纹理和深度信息，那么通过光场数据进行深度估计就是其必然的应用之一。特别是随着三维成像和显示技术在各个领域的推广和应用，实时、快速、高精度的三维重建已经成为国内外的一大研究热点，也成为了市场的一大需求。深度估计是三维技术的核心，高精度的深度图像是建立高质量三维模型的支撑，因此近年来深度估计方法受到学者们的普遍关注。

本章将主要介绍利用光场数据对场景进行深度信息的估计。光场成像通过记录光线的传播路径和强度的方式，能够通过一次成像获取具备连续视差的数十乃至上百个角度的图像，这使得对场景进行深度估计成为可能。相较于传统的立体视觉深度估计方法而言，基于光场的深度估计算法无需多台相机或者复杂的标定工作，这大大简化了深度估计的工作过程。此外，不同于传统双目视觉或多视角方法，光场数据将视差空间扩展为连续视差空间，使得深度估计更加稳健和精确。当然，处理四维光场这样的高维数据需要大量的计算时间和资源，这是光场实时深度估计的必然要求。

典型的光场深度估计方法首先以特定的方式估计初始深度图，其次使用全局优化框架或局部平滑方法来完善深度图。现有的初始深度估计方法可分为四类：基于图像立体匹配的方法、散焦和融合的方法、基于 EPI 的方法和基于机器学习的方法。

4.1 基于图像立体匹配的方法

立体匹配是一种利用相同观测对象特征不变性且发展较为成熟的深度估计算法。在光场相机出现前，立体匹配方法是将单个相机在不同位置的多次成像或多个相机在多个位置的成像作为输入数据，利用不同视角的图像在各视差范围内的色彩相似度构建匹配代价函数，求取视差信息，再利用视差与深度间的几何关系将视差信息转换为深度信息。光场相机出现之后，考虑到光场相机具有可以通过单次拍摄获取目标场景多个视角图像的特性，学者们提出将获取的子孔径图像阵列作为输入数据，以代替原来的图像序列，这样的做法简化了成像步骤，提高了成像的实时性。但是这种方法仅仅是将光场相机当作可以单次成像获取多张影像的普通单反相机，在后续的深度估计步骤中并没有改变传统立体匹配方法的思路，因此这种基于光场图像的立体匹配算法仍然具有传统立体匹配方法所固有的缺点，即算法复杂、计算耗时、对噪声点鲁棒性差、对深度突变边缘估计效果差、对相邻图像间基线长度要求高等。

根据光场相机的成像原理，可以将光场图像看作多个虚拟相机在多个不同视角拍摄同一场景得到图像的集合，那么此时的深度估计问题就转换成为多视角立体匹配问题。光场中相邻视图之间的基线很窄，这使得使用传统的立体匹配方法很难从两个视图中恢复视差。因此，在传统立体匹配方法的基础上，一些专门适用于光场数据的子孔径图像匹配方法应运而生，如 Jeon 等（2015）提出的基于相移的亚像素多视角立体匹配算法，Yu 等（2013）提出的线性辅助图割方法，Chen 等（2014）引入的双边一致性度量方法等。本节以 Jeon 等（2015）的相移理论为例，介绍如何利用子孔径图像匹配的方法进行光场数据的深度估计。

Jeon 等（2015）提出的算法是目前较为经典的一种基于立体匹配的光场图像深度估计算法，该算法采用了传统立体匹配算法的框架，并对其进行了部分改进，主要改进点包括以下方面。

第一，提出利用相移理论将图像转化到频率域中进行立体匹配计算，实现了亚像素精度的立体匹配，降低了光场相机相邻视角之间基线较窄的影响。

该算法的核心就是用到了相移理论，即空域的一个小的位移在频域为原始信号的频域表达与位移的指数的幂乘积，即如下公式：

$$F[I(x+\Delta x)]=F[I(x)]e^{2\pi i\Delta x} \tag{4-1}$$

式中，x 为原坐标位置，Δx 为位移量。

所以，经过位移后图像可以表示为

$$I'(x)=I(x+\Delta x)=F^{-1}\{F[I(x)]e^{2\pi i\Delta x}\} \tag{4-2}$$

第二，在匹配代价构建环节，提出将绝对差值之和（SAD）和梯度差值之和（GRAD）两种互补的成本量相结合，以得到更高精度的深度估计结果。

具体算法流程如下：

1）利用光场原始图像提取 N 张子孔径图像阵列；

2）设定深度层级 l，利用相移定理分别对每张子孔径图像计算 l 个等级的亚像素位移结果，得到 $N\times l$ 张亚像素位移图像；

3）分别在每一深度层级 l 上将中心视角子孔径图像与其余（$N-l$）个角度的

子孔径图像进行匹配代价计算，构建 $N\times l$ 的匹配代价矩阵；

4）根据最小匹配代价原则，选取每个空间点取得最小匹配代价值时对应的深度值 l 作为初始深度估计结果；

5）利用加权中值滤波对初始深度估计结果进行平滑；

6）对平滑后的深度图利用图割方法进行全局优化；

7）对全局优化后的结果进行迭代优化，得到更加平滑的深度估计结果；

8）输出最终深度图。

面对光场相机窄基线的难点，通过相移的思想能够实现亚像素精度的匹配，在一定程度上解决了基线短的问题，能得到比较好的深度估计结果，但仍然存在计算耗时长、算法鲁棒性差等问题。

Jeon 等（2015）的总体算法如图 4-1 所示，具体流程如下：

1）利用光场原始图像提取 N 张子孔径图像阵列；

2）设定深度层级 l，利用相移定理分别对每张子孔径图像计算 l 个等级的亚像素位移结果，得到 $N\times l$ 张亚像素位移图像；

3）分别在每一深度层级 l 上将中心视角子孔径图像与其余（$N-l$）个角度的子孔径图像进行匹配代价计算，构建 $N\times l$ 的匹配代价矩阵；

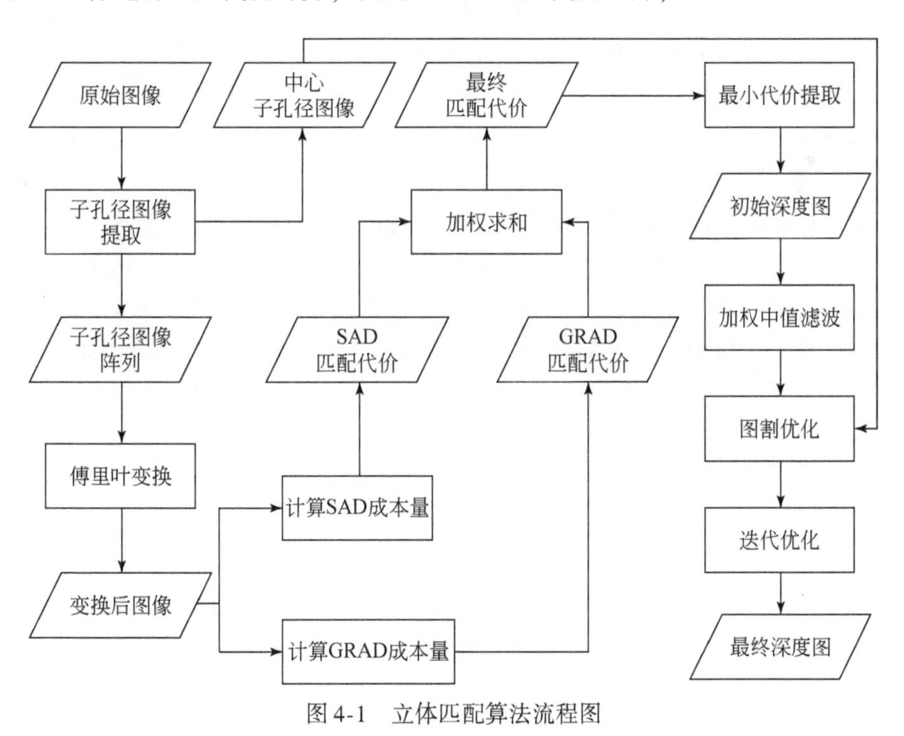

图 4-1　立体匹配算法流程图

4）根据最小匹配代价原则，选取每个空间点取得最小匹配代价值时对应的深度值 l 作为初始深度估计结果；

5）利用加权中值滤波对初始深度估计结果进行平滑；

6）对平滑后的深度图利用图割方法进行全局优化；

7）对全局优化后的结果进行迭代优化，得到更加平滑的深度估计结果；

8）输出最终深度图。

Jeon 等（2013）将传统立体匹配方法常用的色彩相似度线索与传统重聚焦方法常用的梯度相似度线索通过加权相加的方式进行结合，构建了匹配代价。具体计算步骤如下：

1）利用式（4-1）、式（4-2），分别在 l 个视差等级中将中心子孔径图像与其他角度的（$N-l$）张子孔径图像进行色彩相似度计算，得到（$N-l$）$\times l$ 张匹配代价图，之后将同一个点在（$N-l$）个视角处的匹配代价值进行求和，得到每个点的 l 个匹配代价值的集合。

$$C_I(p,l)=\sum_{u\in O}\sum_{p\in W_p}\min\{\,|I(A_c,p)-I[A,p+\Delta p(A,l)]|,\tau_1\} \tag{4-3}$$

$$\Delta p(A,l)=lk(A-A_c) \tag{4-4}$$

式中，$C_I(p,\ l)$ 为点 p 在深度等级 l 处的色彩相似度匹配代价值；O 为（$N-1$）个非中心视角的角度坐标集合；W_p 为以点 p 为中心的小窗口，用来对匹配代价图进行局部平滑；$A_c(u_c,\ v_c)$ 代表中心视角的角度坐标；$A(u,\ v)$ 代表非中心视角的角度坐标；τ_1 为阈值，用以控制计算结果中的异常值；k 为角度坐标差值的单位（像素）。

2）利用式（4-3）、式（4-4）分别计算深度等级为 l 时，在点 p 处中心视角 A_c 与其他视角 A 在横向（s 坐标轴方向）和纵向（t 坐标轴方向）这两个方向上的梯度相似度，并将二者按照式（4-5）中计算得到的权重加权相加，同样得到（$N-l$）$\times l$ 张匹配代价图。之后将同一个点在（$N-l$）个视角处的匹配代价值相加，得到每个点的 l 个匹配代价值的集合。

$$C_G(p,l)=\sum_{s\in O}\sum_{p\in W_p}\left\{\begin{array}{l}\beta(A)\times\min[\mathrm{Diff}_s(A_c,A,p,l),\tau_2]\\+[1-\beta(A)]\times\min[\mathrm{Diff}_t(A_c,A,p,l),\tau_3]\end{array}\right\} \tag{4-5}$$

$$\mathrm{Diff}_s(A_c,A,p,l)=|I_p(A_c,p)-I_p[A,p+\Delta p(A,l)]| \tag{4-6}$$

$$\beta(A)=\frac{|u-u_c|}{|u-u_c|+|v-v_c|} \tag{4-7}$$

式中，$C_G(p,\ l)$ 为点 p 在深度等级 l 处的梯度相似度匹配代价值；$\mathrm{Diff}_s(A_c,\ A,\ p,\ l)$、$\mathrm{Diff}_t(A_c,\ A,\ p,\ l)$ 分别为点 p 在深度等级 l 时中心视角 A_c 与其他视角 A 在横向（s 坐标轴方向）和纵向（t 坐标轴方向）这两个方向上的梯度相似度；$\beta(A)$ 为横向梯度与纵向梯度之间的权值；（$u,\ v$）为非中心视角的角度坐标；

(u_c，v_c) 为中心视角的角度坐标；τ_2、τ_3 均为阈值，用以控制计算结果中的异常值。

3）最后，利用式 (4-6) 将点 p 处的色彩相似度匹配代价与梯度相似度匹配代价进行加权求和，得到点 p 处的最终匹配代价，其中权值 α 由用户自行设定。

$$C(p,l)=\alpha\, C_I(p,l)+(1-\alpha)\, C_G(p,l) \tag{4-8}$$

式中，$C(p,\ l)$ 为点 p 在深度等级 l 处的总匹配代价值；$\alpha\in[0,\ 1]$ 为色彩相似度和梯度相似度之间的权重。

在 Jeon 算法中，深度的初始化是最基础的步骤。Jeon 等（2015）采用了图割算法进行初始深度优化。图割算法是组合图论的经典算法之一，近年来有许多学者用它来进行以图像分割、视频分割为代表的各种应用。图割算法在深度优化中的应用也是相当于将各个点划分到各等级深度标签中的一种分类方法。如图 4-2 所示，图割算法分别通过待优化的深度图像和原始图像（一般使用中心视角子孔径图像）构建点与深度标签之间的分割代价值以及相邻点之间的分割代价值，形成图模型中的各条虚拟边界，最终通过对图模型沿着具有最小分割代价值的边缘进行分割得到最终的分类结果。图割优化的具体步骤如下：

1）输入待优化的深度图像，通过图像点在各个深度平面的匹配代价值构建图像点与深度标签之间的分割代价值；

2）输入中心子孔径图像，通过中心子孔径图像中相邻点之间的相似度构建相邻点之间的分割代价值，完成图模型的构建；

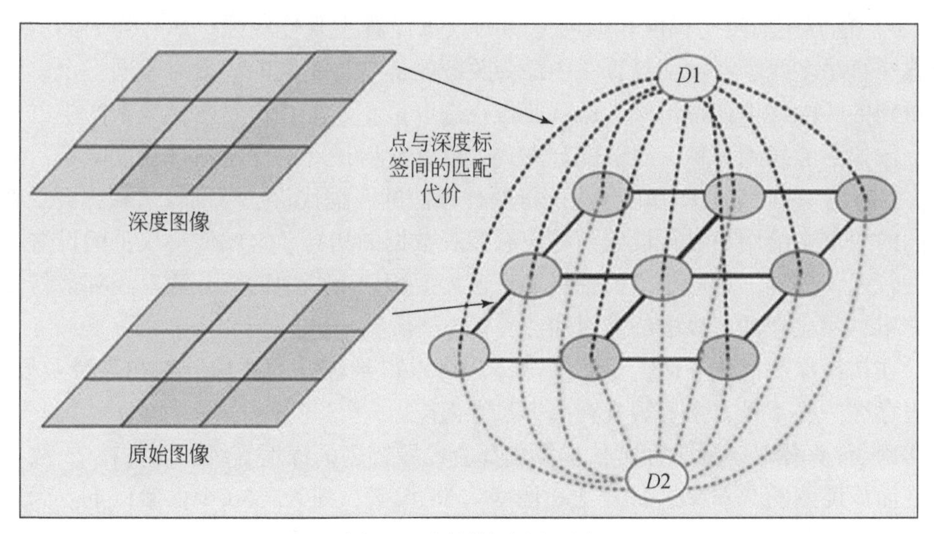

图 4-2　图割算法原理图

3）对图模型沿着具有最小分割代价值的边缘进行分割，得到图像的最小割，完成深度的分类。

在匹配代价设计环节，Jeon 等（2015）综合利用了色彩相似度与梯度相似度两条线索，并且通过频率域中的相移运算解决了光场相机窄基线的问题，对传统立体匹配方法进行了一定的改进，也得到了一定的精度提升，但这种方法仍然存在着一些缺点，该算法有如下一些不足。

1）计算耗时长。Jeon 等（2015）采用色彩相似度和梯度相似度这两种本身就计算复杂的线索结合作为最终匹配代价，使得算法的计算耗时进一步增加。

2）匹配代价函数对噪声点的鲁棒性差。色彩相似度和梯度相似度都是针对图像中点与点之间的图像特征进行计算，这就导致当某像素点为噪声点时，该点与对应点相似度相差较大，产生错误的匹配代价。即使该算法采用了将目标点与周围点的匹配代价相加的方法来扩大计算区域，但这种求和的方法对噪声鲁棒性的提高效果仍然不佳。将这两种同样存在噪声鲁棒性差这一缺陷的匹配代价进行相加，无疑会使这一缺陷更加放大。

3）不同视差方向的色彩相似度匹配代价相互干扰。根据前文所述，子孔径图像阵列中存在着横向和纵向这两种方向的视差，各个视差方向计算结果的融合向来是立体匹配方法的难题。而 Jeon 等（2015）在构建色彩相似度匹配代价时将点在各个不同视差方向上的匹配代价图直接累加，这就会导致各种视差方向的匹配代价相互干扰，最终降低深度估计的精度。

4）色彩相似度与梯度相似度之间的权重设置主观性较强。多种算法的结合方式一直是多线索深度估计算法中最为关键的部分。不同的线索对于同一个点计算得到的匹配代价往往不同，这就使得在选取最小匹配代价时两种线索产生二义性，假如不能找到一种有效的融合方式，就会使得最终的深度估计精度降低。对此，Jeon 等（2015）采用的方法是将两种算法的匹配代价进行加权求和，而二者之间的权重交给用户自行设置，并没有客观数据的指导，这就使得权重的设置主观性较强。并且，针对不同的拍摄场景还需要用户不断地调节参数以找到最佳设置方案，明显降低了算法的实时性。

在初始深度优化方面，虽然图割算法可以得到较好的图像分割和平滑效果，但也存在一些不足，主要表现在以下三方面。

1）计算耗时。通常深度估计算法都会设置较多的深度等级，往往在 75 级以上，而深度图的分辨率通常在 256 像素×256 像素，即 65 536 个像素以上。因此图割算法就需要对至少 65 536 个像素构建 75 个以上的深度标签，可见计算量非常庞大。并且由于计算图像的最小割也是一个较为复杂的过程，导致了图割算法会带来较长的计算耗时。

2）分割精度易受图像中边缘信息的干扰。图割算法需要以中心视角子孔径图像作为引导图像，根据相邻像素值的相似度来构建图像中相邻点之间的关系，因此对中心视角子孔径图像边缘信息的检测会极大地影响最终结果的精度，而以像素值相似度提取边缘信息的方法并不可靠：一方面，依赖于像素值相似度的方法会将图像中所有深度突变的部分识别为边缘，但深度突变的区域有时并不是物体边缘（例如阴影边界），这就导致最终结果中出现原本不应该存在的错误边缘；另一方面，依赖于像素值相似度的方法会漏检测图像中相同色彩的物体间的边缘，这也会导致图割优化将原本应为不同深度的两个物体平滑为一个物体。

3）条带现象严重。由于图割算法本质上是一种分类方法，它将属于同一深度面的点归为一类并赋予同一个深度标签，从而达到区分各个点的深度的目的。这样就存在一个问题，就是区分出的各个深度等级之间绝对无关。图割算法的整个操作过程相当于用有限的具有相同采样间隔的面对连续的三维场景进行切片，即用离散的采样点去表示连续的自然场景，必然会导致最终的深度估计结果中存在同一深度标签的成片区域，深度图中出现圆圈状的条带。

4.2 基于成像一致性的单线索深度估计方法

立体匹配的算法是在集成了双目、多目立体匹配的基础上发展而来，它利用了光场数据因为具备角度分辨率的特征而产生的水平或者垂直视差。但是，尽管策略不一样，它只是使用了部分视差。而且，由于立体匹配存在计算量大、误匹配率高等缺点，不能很好的应用光场相机采集光场是连续视差、成像一致性强等特点。因此，挖掘光场成像中的其他深度线索，提供计算量更低、更能体现光场独有特点的深度线索就成为深度估计的另一种思路。本节主要介绍一种基于成像一致性的深度快速估计方法。

一般，将全光相机单个微透镜下所覆盖的全部像素的集合称为一个宏像素，它表示对空间中同一个点在不同角度处的成像的集合。每个宏像素代表场景中的一个空间点，对应一个空间坐标（s，t）；宏像素中每一个独立像素代表光场相机的一个采样角度，对应一个角度坐标（u，v）。光场图像的成像一致性特征是指当光场相机聚焦到场景中某一点的正确深度时，该点所对应的微透镜覆盖下的所有传感器像素都与该点色彩接近，在光场原始图像中体现为一个宏像素中各独立像素间的色彩一致性强；当未聚焦到一点的正确深度时，该点所对应微透镜覆盖下的各个传感器像素受到该点周围的点的影响而成不同的色彩，在光场原始图像中体现为在一个宏像素中各个像素的色彩一致性弱。

在图4-3（a）中，相机聚焦到了物体的正确深度，此时相机中的各个视角与物体呈相同色彩（在真实环境中，由于散射等原因，各个视角所成色彩会有一定的偏差），所成图像为图4-4（a）中所示；在图4-4（b）中，相机未聚焦到物体的正确深度，此时相机中各个视角会成不同色彩（与周围物体色彩相同），所成图像如图4-4（c）所示。因此，可以利用光场相机各视角的成像一致性特征判断光场相机的聚焦情况。

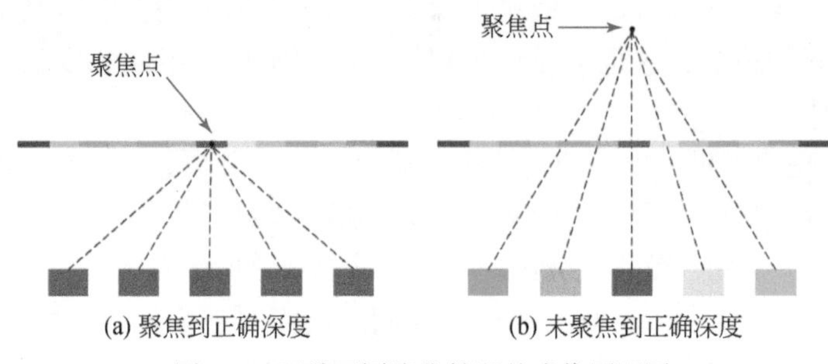

图4-3　两种不同聚焦情况的成像原理图

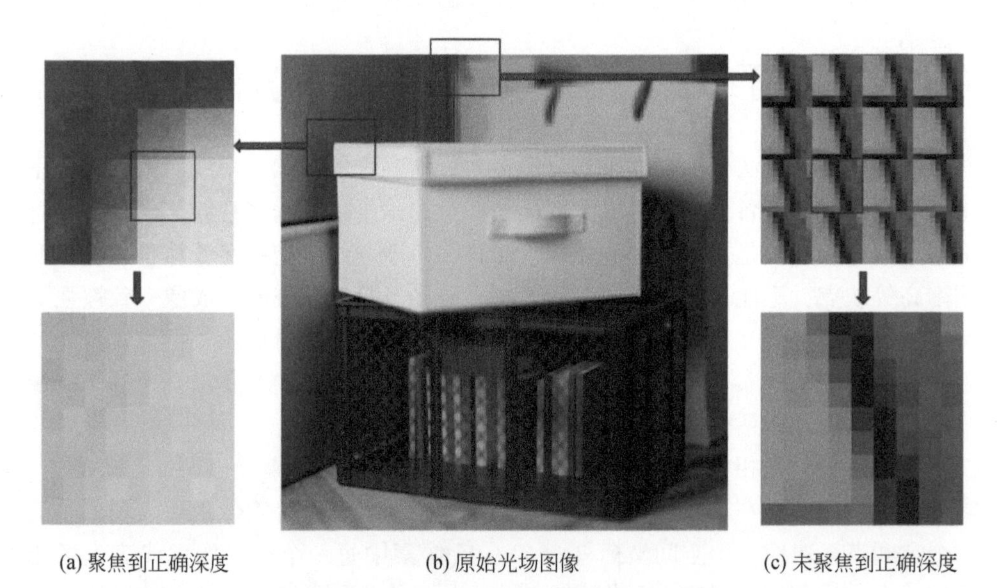

图4-4　两种不同聚焦情况的成像对比

根据前文所述，当聚焦到某点的正确深度时，图像中一个宏像素中所有独立像素对应空间中的同一个点，即像素值的色彩一致性强；当未聚焦到某点的正确深度时，图像中一个宏像素中所有独立像素受到空间点周围物体的干扰而成不同的色彩，即像素值的色彩一致性弱。要构建匹配代价，必须选取一个能够反映宏像素中色彩一致性的指标。方差作为一个衡量样本值与样本均值之间偏离量的统计指标，能够较为准确地描述宏像素中各个像素之间色彩的差异性，较好地符合了我们的需要。当宏像素方差较大时，宏像素中各个独立像素的成像一致性弱，说明此时光场相机未聚焦到物体的正确深度；当宏像素方差较小时，宏像素中各个独立像素的成像一致性强，说明此时光场相机聚焦到了物体的正确深度。综上所述，本文使用宏像素方差的均值来构建如下的匹配代价函数：

$$C_{\alpha(s,t)} = \frac{1}{N} \sum_{(u,v) \in P(s,t)} [I_{(u,v)} - \bar{I}]^2 \tag{4-9}$$

式中，$C_{\alpha(s,t)}$为深度为α的重聚焦图像中空间坐标为（s，t）的点的匹配代价值；N为宏像素P内的点的数量；$I_{(u,v)}$为宏像素P内角度坐标为（u，v）的点；$\bar{I}$为宏像素P中像素的平均值。

那么，通过建立成像一致性与深度之间的关系，就可能应用成像一致性特征进行深度估计，其技术流程如图 4-5 所示。

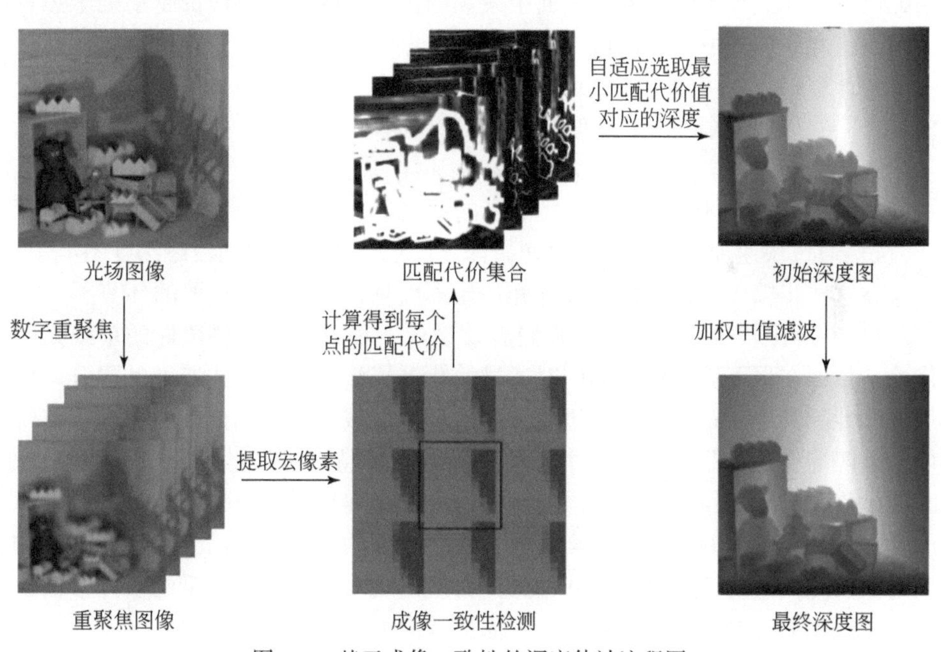

图 4-5　基于成像一致性的深度估计流程图

具体的深度估计步骤如下：

1）对光场原始图像进行数字重聚焦，得到各个聚焦平面的重聚焦图像集合。本书采用的算法需要光场图像的重聚焦图像集合作为输入数据，利用光场图像丰富的角度信息，我们可以进行数字重聚焦，得到各个不同聚焦平面的光场图像。

通过构建空间点在当前聚焦平面的聚焦质量评价指标，就可以找出聚焦正确的平面，得到空间点的深度值，重聚焦公式如下：

$$L_{\alpha}(s,t,u,v)=L\left[s+u\left(1-\frac{1}{\alpha}\right),t+v\left(1-\frac{1}{\alpha}\right),u,v\right] \tag{4-10}$$

式中，L_{α}为重聚焦之后的光场图像；L为重聚焦之前的光场图像；$(s,\ t)$ 为空间坐标；$(u,\ v)$ 为角度坐标；α 为重聚焦参数，即重聚焦后深度与重聚焦之前深度之比。通过改变 α 的取值，就可以得到不同聚焦平面的重聚焦图像。

2）对每个聚焦平面的重聚焦图像进行宏像素提取，利用式（4-10）对各个空间位置的宏像素进行成像一致性检测，以宏像素方差作为该空间位置在当前聚焦平面中的聚焦质量评价指标，由此构建空间点的匹配代价，得到每张重聚焦图像中空间点的匹配代价集合。

3）自适应地选取每个点匹配代价最小值所对应的聚焦深度值，得到初始深度图。在所有深度估计算法中，匹配代价都是深度信息提取的依据。本算法中，匹配代价表征点在不同深度的平面中聚焦的正确程度，匹配代价越小则聚焦正确度越高，此时所提取的深度值也就越接近该点的真实深度值。因此，我们利用上一步中计算得到的图像中每个点匹配代价值集合，根据最小代价原则，利用公式（4-11）自适应地选取最佳深度值：

$$D_{(s,t)}=\arg_{\alpha}\min C_{\alpha(s,t)} \tag{4-11}$$

式中，$D_{(s,t)}$为空间坐标为 $(s,\ t)$ 的点的深度值。

4）通过快速加权中值滤波对初始深度图进行优化，得到最终深度图。

在这些步骤中，匹配代价设计和初始深度估计是两个最重要的环节。

1）在匹配代价设计环节，我们需要设计一种具有较高鲁棒性的单线索匹配代价，从而在保证算法精度的同时通过简化计算流程实现算法速度的提升。而增加鲁棒性的其中一个途径就是增大算法的计算区域。色彩相似度、梯度等传统的单线索匹配代价都是基于图像中两点之间的图像特征进行计算，计算区域较小，区域中包含的数据量也较少，因此当图像中出现离散噪声或是由于成像设备原因产生的异常像素值时，算法就会失效，产生错误的深度估计结果。因此，假如我们增加匹配代价的计算区域，在部分异常值出现时，区域中大量的非异常值仍然可以保证我们计算结果的准确性，从而能够有效提高匹配代价的鲁棒性。

2）在通过单线索匹配代价得到精度较高的初始深度图的前提下，我们可以适当降低对于深度优化方法的精度要求，找到一种虽然精度次优，但能够较大提升算法速度的深度优化方法。深度优化方法最重要的目的就是对初始深度图进行平滑，去除初始深度估计图中的离散噪声，而初始深度图中的离散噪声就是错误的深度估计值。因此，在匹配代价具有较高的鲁棒性时，深度估计的精度就较高，产生的错误深度估计值就较少，初始深度图中的离散噪声也就较少。而对于这些较少的离散噪声进行平滑时，深度优化算法对于深度图中物体边缘的破坏作用就较弱。因此，在选取深度优化算法时，相比于平滑能力和边缘保持能力，我们可以更加注重算法的速度。本书决定采用边缘保持效果次优但不会受原图像干扰的加权中值滤波作为初始深度优化方法。然而普通的加权中值滤波方法计算复杂度较高，也不适合在实时性要求高的算法中使用，因此，本文使用了一种快速加权滤波算法进行初始深度优化。采用多种方法对加权中值滤波算法进行加速，包括新的联合直方图表示方法、新的中值查找方法和一种支持快速数据访问的新数据结构，最终将加权中值滤波的计算复杂度从$O(r^2)$降到 $O(r)$ （r 为滤波核半径），算法运行时间从传统加权中值滤波算法的几分钟大大缩短至不到 1 秒，这满足了我们对于算法速度的预期。

使用快速加权中值滤波进行深度优化前后的结果对比如图 4-6 所示，可以看出，得益于宏像素方差匹配代价的较高鲁棒性，初始深度图中的离散噪声较少，因此快速加权中值滤波完全能够满足本文算法的需要，得到较为平滑的最终深度图。

滤波前局部　　滤波前整体　　滤波后整体　　滤波后局部

图 4-6　加权中值滤波优化前后对比图

4.3　多深度线索融合的方法

无论是匹配线索还是成像一致性线索，它们都只用应用了单线索来进行深度估计。尽管单线索具有速度快、一致性强等特点。但是忽略其他线索也会出现鲁棒性不够的缺点。光场图像包含了光线的角度信息，其子孔径图像可以看作相机阵列在不同角度所拍摄的图像，子孔径图像之间具有较高的信息冗余，隐含了匹配线索。如光场图像焦点堆栈中每一层图像成像点清晰模糊变化与场景深度高度耦合，成像点的模糊程度蕴含了丰富的散焦线索。因此，深度信息不仅和匹配线索相关，也和其他深度线索，如散焦线索相关。本节以散焦线索和匹配线索融合为例，介绍利用深度线索和线索融合提取深度信息的方法。

4.3.1 散焦深度线索

理想情况下的点光源的成像模型如图 4-7 所示，场景中某一点 P 通过相机的主透镜在传感器上形成像点 P'。假设透镜的焦距为 f，即为物距为 u，像距为 v。则当像距，物距和透镜焦距满足成像公式时，在传感器上所成像为一个点。成像公式如下：

$$\frac{1}{u}+\frac{1}{v}=\frac{1}{f} \tag{4-12}$$

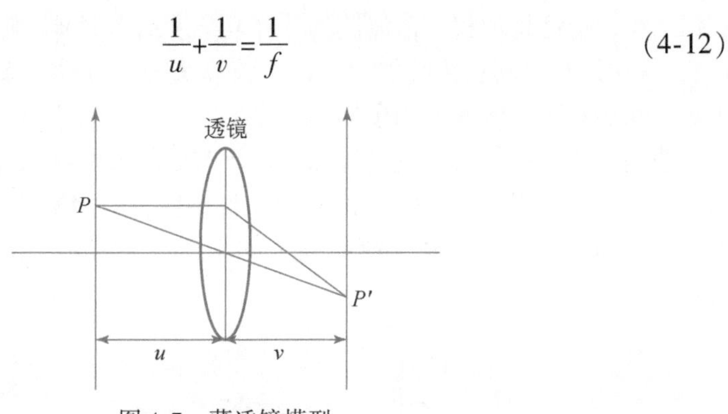

图 4-7　薄透镜模型

当像距，物距和透镜焦距不满足上述公式时，场景点在传感器上成像即为一个圆斑，散焦越严重其半径越大，光场相机的散焦模型如图 4-8 所示。

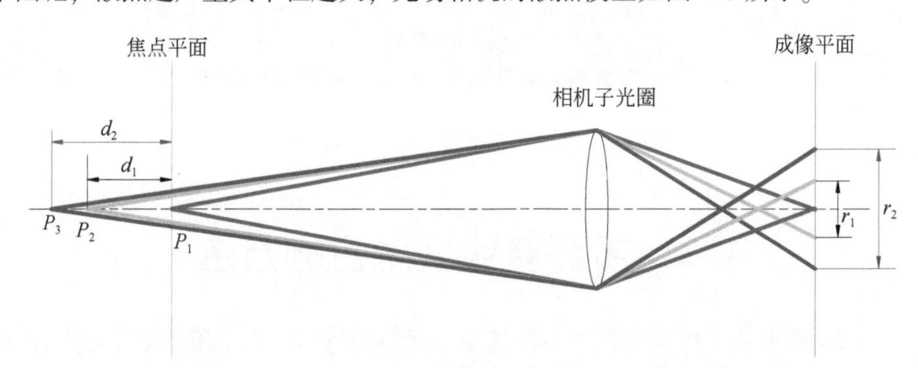

图 4-8　透镜成像光路图

P_1、P_2、P_3 为场景点所在位置，其中，P_1 在焦点平面上，P_2 与焦点平面的距离为 d_1，P_3 与焦点平面的距离为 d_2。r_1、r_2 分别为场景点在 P_2、P_3 位置的成像散焦半径

场景焦点平面上的一点发出一条光线，经薄透镜后聚焦在传感器平面的某点处，形成一个清晰图像，若入射光线来自焦点平面外的点，则入射光线经薄透镜后在传感器平面散射形成一个圆面，其半径随着入射光线圆点与焦点平面之间距

离的增加而增大，因此，图像会出现模糊现象，散射圆面的半径越大，模糊程度越严重，如 P_3 点在成像后比 P_2 点模糊程度更加严重。这就是离焦导致的清晰图像退化现象，且目标场景图像退化程度会随着物体与对焦平面之间距离的增加呈上升趋势。真实场景图像如图 4-9 所示。

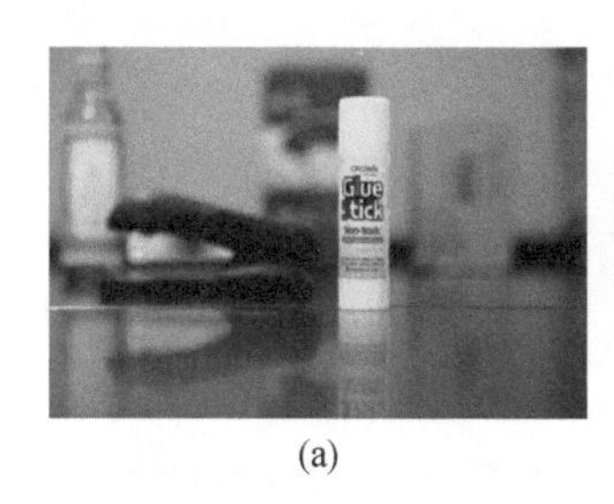

(a)

(b)

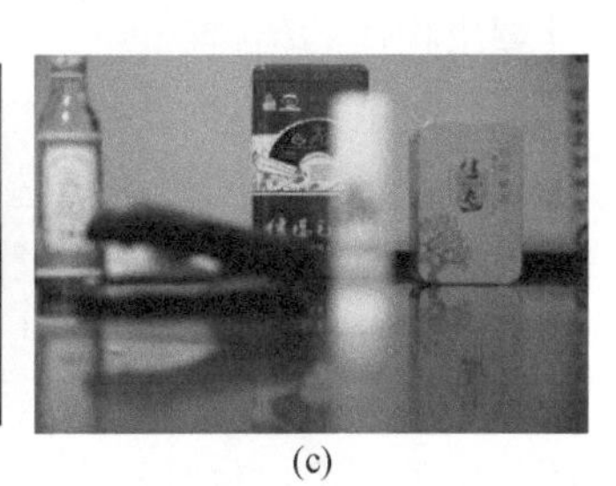

(c)

图 4-9　散焦示意图

由于图像离焦会产生一个模糊圈，模糊圈不是一个亮度均匀的圆面，由于受到光学条件的影响呈现中心亮边缘逐渐模糊的光斑，与二维高斯分布函数非常近似，因此，本文中采用二维高斯函数代表离散模糊圈的亮度变化情况，即高斯点扩散函数（Gaussian point spread function），也称为模糊核，公式如下：

$$g(x,y)=\frac{1}{2\pi\sigma^2}e^{-\frac{x^2+y^2}{2\sigma^2}} \tag{4-13}$$

式中，(x, y) 为像点坐标；σ 为高斯标准差为模糊圈的模糊参数，其值越大表示模糊程度越高，对应的模糊圈半径越大，因此，假设模糊圈半径为 d，则高斯点扩散函数的高斯标准差与模糊圈半径之间关系可表示为

$$d=k\sigma \tag{4-14}$$

式中，k 为正相关系数。

在傅里叶光学理论中，相机的成像过程是一个线性时不变的过程，离焦模糊造成的图像退化可以看作一幅清晰图像 $s_0(x, y)$ 与高斯点扩散函数 $g(x, y)$ 进行卷积的过程：

$$s(x,y)=s_0(x,y)\times g(x,y) \tag{4-15}$$

物体经过微透镜聚焦光线，物距和相机透镜焦距之间的关系决定了物体在图像上的清晰程度。当偏离理想成像面时，根据光场相机散焦退化模型图，深度信息的计算公式如下：

$$u=\frac{f\times v}{v-f-rF} \tag{4-16}$$

其中：

$$F=\frac{f}{2r_a} \tag{4-17}$$

式中，u 为物体深度，f 为焦距，v 为像距，r 即为散焦的半径，r_a 为光圈半径，F为相机光圈数。

有上述公式可知，如果测量出高斯标准差 σ，然后根据相机的各种参数就可以计算出物体的深度 u。通常利用该方法计算出物体边缘处的散焦程度，就可以计算出物体的稀疏深度图。

基于散焦线索深度估计方法有一些不足之处，该方法无法准确区分图像中的模糊边缘是由于散焦原因造成的，还是图像本身的一些纹理特征造成的图像模糊，也无法确定模糊边缘应该在聚焦平面的前方还是后面，并且不是经过标定的相机无法获得绝对深度信息，只能获取相对深度信息。

目前效果好流行最广的散焦深度估计方法是有 Zhuo 和 Sim 等（2011）提出的仅用单幅图像估计场景的散焦程度（即为相对深度），该方法通过计算图像中的边缘阶跃特性的散焦程度来获取深度图，该方法求解过程如图所示。它先用已知的高斯核函数以及模糊的散焦边缘进行卷积得到二次模糊的边缘，然后求模糊边缘和二次模糊边缘的梯度比值，并利用该比值求出图像边缘处的深度信息获得深度图。具体算法过程如下介绍（图 4-10）。

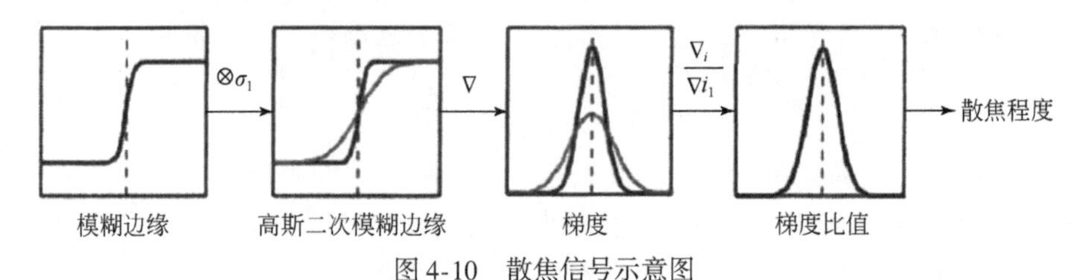

图 4-10 散焦信号示意图

上述方法将理想的边缘阶跃模型定义为

$$f(x)=Au(x)+B \tag{4-18}$$

式中，$u(x)$ 即为阶跃函数，边缘位于 $x=0$ 处，A 和 B 都为常数。然后将散焦模糊 $b(x)$ 的边缘表示为点扩散函数和聚焦图像边缘 $f(x)$ 的乘积，即为图像退化。其中点扩散函数用高斯分布函数 $g(x,\sigma)$ 来近似表示，σ 即为标准差，与模糊边缘的散焦半径呈一定比例。

$$b(x)=f(x)\times g(x,\sigma) \tag{4-19}$$

该方法中的高斯分布函数来近似点扩散函数，并用高斯核函数与散焦模糊边缘 $b(x)$ 进行卷积得到二次模糊的边缘 $b'(x)$，并计算其梯度值，然后可得

$$\nabla b'(x)=\nabla[b(x)\times g(x,\sigma')]=\nabla\{[Au(x)+B]\times g(x,\sigma)\times g(x,\sigma')\}$$
$$=\frac{A}{\sqrt{2\pi(\sigma^2+\sigma'^2)}}\mathrm{e}^{\left[-\frac{x^2}{2(\sigma^2+\sigma'^2)}\right]} \tag{4-20}$$

式中，σ'为第二次高斯模糊时的标准差。然后，可以计算原始图像中模糊边缘的

梯度值和二次模糊之后的梯度值之比，即为如下公式：

$$\left|\frac{\nabla b(x)}{\nabla b'(x)}\right|=\sqrt{\frac{\sigma^2+\sigma'^2}{\sigma^2}}\mathrm{e}^{\left\{-\left[\frac{x^2}{2\sigma^2}-\frac{x^2}{2(\sigma^2+\sigma'^2)}\right]\right\}} \tag{4-21}$$

由上述公式可知，当 $x=0$ 时，上述公式比值最大，即

$$R=\left|\frac{\nabla b(x)}{\nabla b'(x)}\right|=\sqrt{\frac{\sigma^2+\sigma'^2}{\sigma^2}} \tag{4-22}$$

由上述公式可计算得出：

$$\sigma=\frac{1}{\sqrt{R^2-1}}\sigma' \tag{4-23}$$

由于二次模糊的时候标准差已知，所以即可求得原始图像中的散焦边缘的散焦程度。

对于某个像素点来说，散焦响应的结果值越大，代表该位置的高频分量所占的比率越大，此时该像素点接近理想聚焦状态，其散焦响应的值越小，像素点出现扩散现象，其高频分量损失严重，此时像素点处于一种散焦的状态。因此，在焦点堆栈中，通过寻找散焦相应的最大值来确定每一个像素点的对焦深度索引，当散焦响应为最大值时，该像素点所对应的索引即为该像素点对应的深度值，利用如下公式进行表达。

$$\alpha_D(x,y)=\arg\max_{\alpha}D_{\alpha}(x,y) \tag{4-24}$$

散焦线索响应结果如图 4-11 所示。

(a) 原始图像

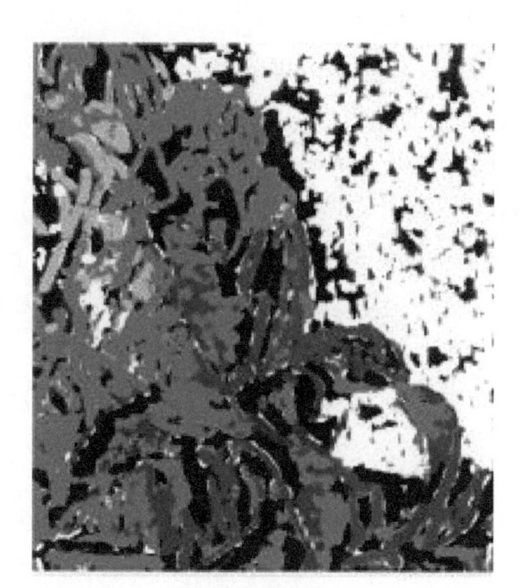

(b) 散焦线索响应

图 4-11　原始光场与散焦线索

4.3.2 匹配深度线索

视差一般在双目立体视觉产生的，一种基于人类双眼的视差原理，一般是拍摄同一场景的不同视角下的两幅图像。然后根据成像的原理，计算场景中的点在两幅图像中对应像素间的位置偏差，同时结合相机的位置以及相机校正后的固定参数估计场景中的深度。立体视觉示意图如图 4-12 所示。

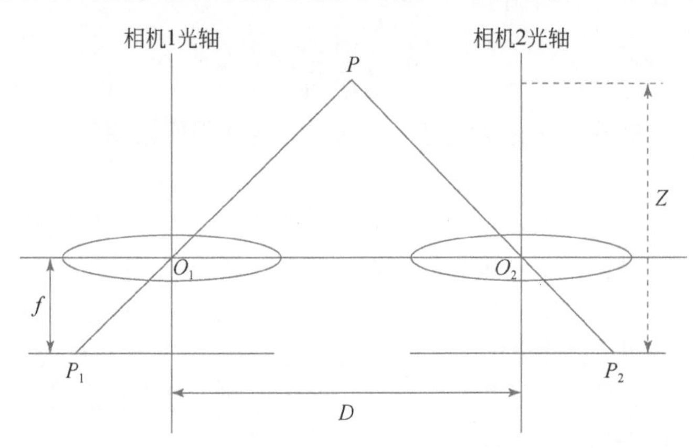

图 4-12　立体视觉视差示意图

P 为物体位置，P_1、P_2 分别为 P 点在相机 1 和相机 2 的成像位置，

O_1、O_2 分别为相机 1、相机 2 的光心，D 为相机 1，相机 2 之间的基线距离

图 4-12 中，两个光轴保持平行的相机对视场一点进行拍摄，O_1，O_2 分别为两个相机的光心，两个相机之间的距离也就是基线为 D，Z 为场景目标与成像面之间的距离，f 为两个相机的焦距，P_1，P_2 分别为两个摄像机拍摄的图像中对应的两个像素点，在传感器上的坐标点分别为（x_1，y_1），（x_2，y_2），其中 $y_1=y_2$。根据三角形的相似原理可知：

$$\frac{D}{Z}=\frac{B-(x_2-x_1)}{Z-f} \tag{4-25}$$

则由上述公式计算得 P 点的深度计算公式：

$$Z=\frac{Df}{x_1-x_2} \tag{4-26}$$

其中 P 点的视差值为 x_1-x_2 时，在该值即为 P 点在视差图上的灰度值。由此可得，视差图中某一点的灰度值，与场景中对应的视点到摄像机的距离成反比。由于双目立体视觉是由两个相机拍摄的图像，所以在实际操作中，由于相机的拍摄姿态，摄像机的硬件误差，以及光线强度等条件的影响，这两幅图像之间必定存在一定的差异，畸变和偏移等。使得视差值并不一定时 x_1-x_2。因此，需要对两幅图像进行预处理操作校正图像，才能接近理想状态。

已知上述两个相机拍摄视差图像所存在的问题，光场相机的一次曝光可以获得多张有视差的子孔径图像的特殊属性可以有效的避免上述的问题，因为在一次曝光过程中相机姿态，光线强度以及相机硬件都是相同的，操作方便并且打破了只能拍摄静态场景的限制，同时避免了在立体匹配计算之前的预处理校正问题，减少了操作复杂度。

光场相机的子孔径图像主要来自主透镜不同视角的图像，由于微透镜之间的基线较小，因此相邻子孔径图像之间的视差很微小，基本在亚像素级的范围内，所以光场相机的匹配是在亚像素的单元上，与传统的整个像素的对比，其实现精度和复杂度都有较大的难题。

考虑到光场图像重聚焦过程中引入了误差和噪声，本文假设进入光场相机内部的光线服从高斯分布，当场景点清晰成像时，该点对应的角度块中像素满足匹配关系，灰度值比较近似，此时角度块具有较小的方差值，因此本文适用方差作为匹配响应的测度。

对于重聚焦平面上的像素点（x，y），则聚在该像素点上的所有光线 $R(u,$ $v, x, y, c)$，分别计算这些光线在 RGB 三通道的均值图像 $\mu(x, y, c)$ 和方差 $\sigma(x, y, c)$，计算方式如式（4-27）和式（4-28）所示：

$$\mu_{\alpha}(x,y,c)=\frac{1}{u\times v}\sum_{u}\sum_{v}R(u,v,x,y,c) \tag{4-27}$$

$$\sigma_{\alpha}(x,y,c)=\sqrt{\frac{1}{u\times v}\sum_{u}\sum_{v}\left[R(u,v,x,y,c)-\mu(x,y,c)\right]^{2}} \tag{4-28}$$

上述公式中 $u\times v$ 为光场图像的角度分辨率，也是子孔径图像的个数因此，像素点匹配相应的计算公式如式（4-29）：

$$C_{\alpha}(x,y)=\sigma(x,y,c)+\left|R(0,0,x,y,c)-\mu(x,y,c)\right| \tag{4-29}$$

当匹配响应为最小值的时候，角度块中的像素灰度值相同，此时角度块中的像素点对应空间中的同一场景点，即为像素点的理想匹配。当匹配响应取值较大时，角度块中的像素灰度值差异较大，对应空间中同一场景点的概率较小，像素点达不到匹配的要求。因此对于某个像素点来说，在所有的重聚焦的深度中，找到匹配响应最小值所对应的深度值，用式（4-30）来表示：

$$\alpha(x,y)=\arg\min_{\alpha}C_{\alpha}(x,y) \tag{4-30}$$

利用匹配响应计算结果如图 4-13 所示。

4.3.3 散焦与匹配双线索融合方法

梯度线索，散焦线索和匹配线索在实质上只是深度线索在不同维度上的表

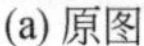

(a) 原图

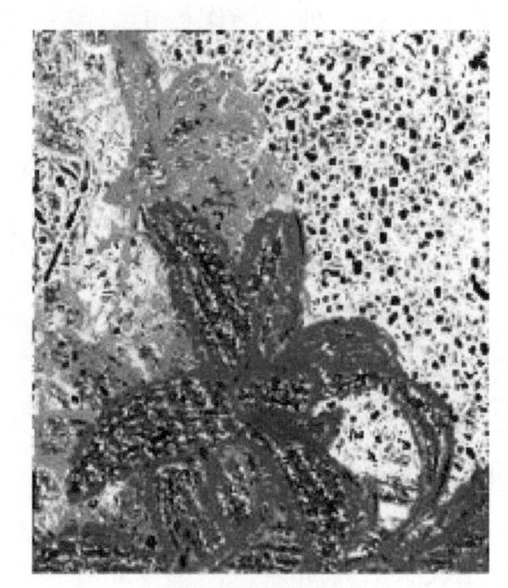

(b) 匹配线索响应

图 4-13　匹配线索深度估计示意图

现。梯度线索由于重聚焦的焦点堆栈图像间距离较近，造成梯度值的大小对比不是很明显，造成全局效果较差。散焦线索深度恢复方法对场景中重复纹理区域的鲁棒性比较好，但是散焦方法容易引入散焦误差，导致距离对焦平面比较远的目标物体无法得到准确的深度值。而基于匹配线索得到的深度图在匹配过程中存在多义性，且在实际的应用场景中对噪声，遮挡，弱纹理以及重复纹理区域鲁棒性交叉，还会产生深度不连续的现象，深度图的结果中包含了很多空洞和外点。由此可见单一利用一种深度线索计算深度图还存在很多问题，面临着精度低质量差，鲁棒性差的问题。

因此，本书中不再依赖于单一梯度估计深度图，利用两种深度线索融合来获取高质量的深度图，将散焦线索和匹配线索相结合的方法获取深度图。4.4.1 节和 4.4.2.1 小节中，散焦响应 $D(x, y, \alpha)$ 为焦点堆栈中所有深度的图像的散焦响应，匹配响应 $C(x, y, \alpha)$ 为焦点堆栈中所有深度的图像匹配响应。散焦响应和匹配响应的计算结果在值域上可能存在不一致的现象，因此在两种线索融合前，先对两者的计算结果进行预处理，即归一化处理。本书采用最常见的最大最小值归一化处理，分别对散焦响应和匹配响应进行逐个像素点的归一化处理。

对于图像中的某一个像素点来说，在焦点堆栈中，寻找散焦响应最大时所在的重聚焦平面，此时该像素点近似为理想对焦状态，对应的深度参数即为 $\alpha_D(x, y)$。寻找匹配响应最小时所在的重聚焦平面，此时该像素点接近理想的匹配状态，对应的深度参数即为 $\alpha_C(x, y)$。

然而，两种线索得到的深度参数和最优的理想参数可能存在一定的误差，因此本书采用置信度的方法融合两种深度线索的计算结果中。采用峰值比来计算散焦置信度和匹配的置信度。针对每一个像素点，提取出该像素点在焦点堆栈中每一层的散焦和匹配响应，寻找散焦响应最大值和第二最大值以及匹配响应的最小值和第二小值，散焦置信度 $C_D(x,\ y)$ 和匹配置信度 $C_C(x,\ y)$ 的计算公式如下：

$$C_D(x,y)=\frac{D_{\alpha 1}(x,y)}{D_{\alpha 2}(x,y)} \tag{4-31}$$

$$C_C(x,y)=\frac{C_{\alpha 1}(x,y)}{C_{\alpha 2}(x,y)} \tag{4-32}$$

式中，$D_{\alpha 1}(x,\ y)$ 和 $D_{\alpha 2}(x,\ y)$ 分别为散焦响应的最大值和第二最大值，$D_{\alpha 1}(x,\ y)$ 和 $D_{\alpha 2}(x,\ y)$ 分别为匹配响应的最小值和第二最小值。

本文中的置信度即为两种深度线索融合时的权重，置信度越大，则该种线索计算的可信度越高，具体操作公式如下：

$$C(x,y,\alpha)=C_c(x,y)^{\lambda_c}\times C'(x,y,\alpha)+C_D\ (x,y)^{\lambda_D}\times[1-D'(x,y,\alpha)] \tag{4-33}$$

式中，λ_c 和 λ_D 分别为散焦响应和匹配响应对于深度估计贡献度的系数，对于二者的值常用的取值一般是 0.2 和 0.6，当然，可以根据实际情况调整。

一般情况下，在不采取全局优化处理的情况下，可以通过“赢者通吃”的方法对来获取的最终的场景深度估计结果 d，其过程就是逐个像素搜索多线索融合后的最小值作为深度参数作为当前像素点的深度值，具体操作如式（4-34）。

$$d=\arg\min_{\alpha} C(x,y,\alpha) \tag{4-34}$$

但是本文中对深度图进行了全局优化，其具体结果如图 4-14 所示。

(a) 原图

(b) 多线索融合结果

图 4-14　深度优化后的深度估计图

4.4 几种典型算法的对比

4.1～4.3 节介绍了图像匹配深度估计、单线索深度估计、多线索融合估计等几种典型的算法，本节应用公开模拟数据集和真实光场数据对几种典型的方法进行对比。

实验所使用的设备为 PC，主要配置为：CPU 为 Intel Core i5-6500，主频为 3.20GHz，4 核；RAM 为 8GB，操作系统为 Windows10，64 位；使用 Matlab 与 C++混合编程，Matlab 版本为 R2014b。

为综合反映各个算法的总体效果和细节效果，本节分别从目视效果和数值结果两个方面进行对比。

目视效果对比指的是通过直接观察深度图，并结合与深度真值及原始图像的对比来直接判断各个算法对于场景细节的还原程度，是最为直观、形象的一种对比方式。通过观察具有不同特点的区域中算法的深度还原效果我们可以清晰地看出算法对各种区域的深度估计能力。

数值结果包含算法精度和算法速度两部分，选取均方误差（MSE×100）为算法精度方面的指标，计算方法如式 4-35。均方误差的数值与算法精度成反比，能够反映出算法对于目标场景整体的还原程度。最终我们通过计算各个场景的平均均方误差值来体现算法整体的深度估计精度。选取计算耗时为算法速度的指标，计算耗时能够体现出算法对于各个场景的计算效率。最终我们通过计算各个场景的平均计算耗时来体现算法的整体计算效率。

$$\mathrm{MSE}_L = \frac{\sum_{I \in L} [D(I) - \mathrm{gt}(I)]^2}{|L|} \times 100 \tag{4-35}$$

式中，I 为光场图像 L 中的一点，$D(I)$ 为点 I 处的深度值；$\mathrm{gt}(I)$ 为点 I 处的深度真值；$|L|$ 为图像 L 中的像素总数。

为了更全面地评估现有算法的场景适用性，本节分别选取了 HCI 数据集中的 6 张合成光场影像和使用 Lytro 相机拍摄的 4 张真实光场影像来进行算法对比。

HCI 数据集由 Honauer 等于 2016 年提出，是目前最为权威的光场图像数据集，许多主流算法都在 HCI 数据集中进行过测试。HCI 数据集是采用 Blender 软件渲染得到的光场数据，包含 additional、stratified、test 和 training 这 4 种类型，共有 28 个具有不同特点的场景的数据，便于从各个方面评估算法的性能。HCI 数据集中提供的数据十分完善，每个场景都提供了空间分辨率为 512 像素×512

像素，角度分辨率为 9×9[①] 的子孔径图像阵列、场景的五维光场矩阵数据、相机内外参数及深度真值（ground truth）。利用这些数据，可以方便地对算法进行目视效果对比和数值结果对比，从而能够对算法性能进行全方位评估。

场景选取方面，为了综合评价算法在各类型场景中的效果，本文在 HCI 数据集中专门用于算法对比的 test 分类中选取了 cotton、stripes、pyramids、sideboard、pillows 和 dino 这 6 个具有代表性的场景进行测试。其中，cotton 为简单场景，场景中的噪声较少，纹理细节也较为丰富，可以测试各个算法的基本性能；stripes 为弱纹理及重复纹理场景，场景中存在较多的重复线条，并且通过数据集提供的深度真值可以发现在重复线条之间还穿插着弱纹理的凹槽，因此这一场景能够测试出算法对弱纹理区域和重复纹理区域的效果；pyramids 为离散噪声场景，场景中包含着大量的离散噪声，可以测试算法对于噪声的鲁棒性；sideboard 为复杂场景，场景中包含着较多的物体，其中书本之间也存在着较多的遮挡，因此这一场景能够测试算法对于存在较多遮挡的复杂场景的深度估计效果。此外，场景的背景墙面上存在同一深度面上的大量的重复纹理，也可以测试算法对场景中纹理干扰的鲁棒性；pillows 和 dino 都是阴影场景，其中 pillows 场景中贯穿着十字形状的阴影，并且在阴影之外为弱纹理及重复纹理区域，能够综合测试算法受各种背景纹理干扰的程度，对于仅利用图像特征的算法来说是一个较大的挑战；而 dino 场景中则存在一个巨大的恐龙形状的阴影，能够更加有效地测试算法受背景纹理的干扰程度。由于 Jeon 等（2015）的算法在 HCI 数据库中有部分公开发表的计算结果，因此对于已有发表结果的部分场景，采用其发表的结果参加对比，算法耗时则在本实验平台上进行测算；其他没有发表结果的算法则采用作者公开发布的源代码在本实验平台上进行实验对比。真实数据集采用了 Tao 等（2013）提供的采用 Lytro 相机拍摄的 4 个真实场景光场数据。相比于合成光场图像，采用 Lytro 相机拍摄的图像质量较差，图像的分辨率较低（空间分辨率为 311 像素×362 像素，角度分辨率为 7×7），且图像中夹杂着较多的离散噪声，因此对于深度估计算法的稳定性有一定的考验。真实场景难以进行深度测量，因此没有深度真值作为参考，只能对其进行目视效果以及算法速度对比。

4.4.1 合成光场数据对比结果

合成光场对比效果主要从目视效果和定量指标两个方面来进行，首先是目视效果，各个场景具体如下。

---

① 角度分辨率为 9×9，即指有 9×9 个视角。

4.4.1.1 场景 cotton

场景 cotton 是实验所选取的各个场景之中最为简单的一个，由原始图像可以看出，场景的光照条件适中，不会因过曝光或者欠曝光而对深度估计造成影响；图像前景中只有佛像这一个物体，遮挡现象较少；背景亮度较暗且背景纹理适中，不会对深度估计产生过多干扰，预计 4 种算法都能够得到较为不错的结果。

从图 4-15 中的深度估计结果来看，总体来说各个算法都得到了较好的效果，这也证明了各个算法的基本性能较为稳定，对于简单场景的处理效果都较为良好。但我们仍然能通过细节看出各个算法的问题：Jeon 等（2015）的算法结果在人像的头顶和左肩处出现深度估计误差，并且能够看出在人像头部有明显的条带现象，这是由图割算法导致的。如前文中所论述，图割算法虽然能够得到较好的平滑效果，但是由于各深度标签之间绝对无关，容易导致最终结果中出现条带状现象。Tao 等（2013）的深度估计结果在人像脑门处出现块状误差并且伴随若干噪点，这很明显是其引入的梯度线索导致的。梯度线索由于仅仅利用点之间的图像特征，所以对噪声的鲁棒性较差，在使用宏像素方差的同时引入梯度线索就会导致大量噪声的出现，降低了深度估计精度。此外，还可以看出 Tao 等（2013）的结果存在明显的过度平滑现象，这是其采用的全局优化方法导致的，如前文论述，马尔可夫随机场这类全局优化方法虽然平滑效果好，但往往会造成过度平

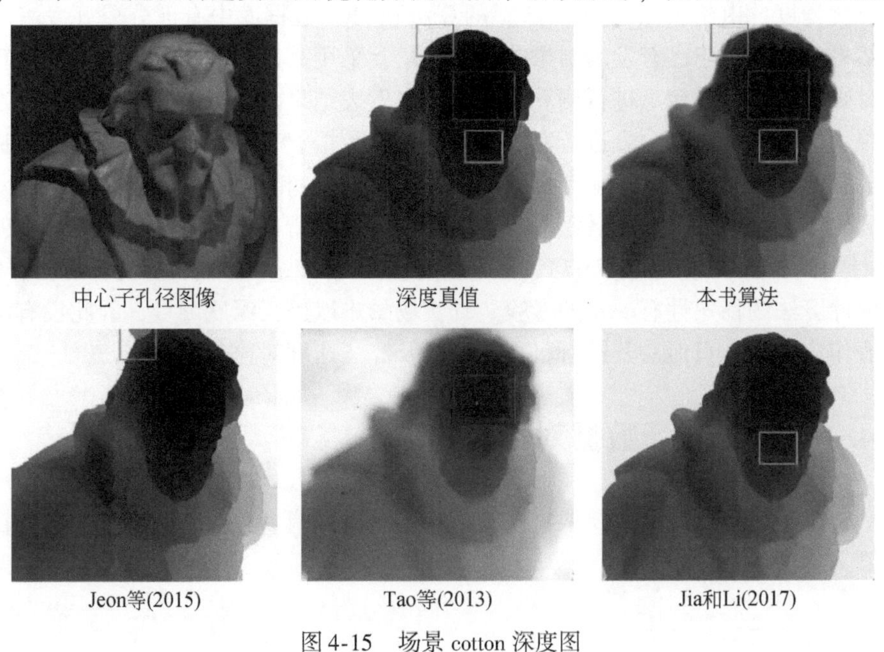

图 4-15 场景 cotton 深度图

滑，反而降低深度估计精度。与 Jeon 等（2015）的结果类似，Jia 和 Li（2017）的算法由于同样采用了图割算法进行优化，因此其深度估计结果同样可以看出明显的条带现象，并且图割算法还造成了边缘不够平整的现象，这是因为图割算法在利用原始图像边缘信息的时候受到噪声点或是阴影等的影响识别出了错误的边缘点，导致最终结果中形成了错误的边界。相比之下，本文算法表现出了较高的噪声鲁棒性，并且还原出了正确的边缘，得到了最佳的目视效果。

4.4.1.2 场景 pyramids

在场景 pyramids 中存在着大量的随机噪声，并且由数据集提供的深度真值图可以看出，上半部分和下半部分的方块和圆圈分别是上凸和下凹的，中间部分皆为弱纹理区域（此处的弱纹理区域指不能通过图像特征辨别图像的深度变化），这就对算法处理弱纹理区域的性能以及算法的噪声鲁棒性提出了较高的要求，可以看出，仅利用图像特征的算法在这一场景中会受到较大的挑战。

从图 4-16 中的深度估计结果来看，面对大量的随机噪声以及弱纹理区域，我们的三种对比算法都出现了不同程度的深度估计误差。Jeon 等（2015）算法的深估计结果中背景平滑度很高，但在矩形和圆形区域都出现了明显的条带状现象，根据前文的论述，这是由其采用的图割优化方法导致的，在原始图像纹理较弱并且存在大量随机噪声时，图割算法没有办法从原始图像中获取准确的场景边缘信息，因此深度优化时仅能够利用初始深度估计结果中相邻点之间的关系进行平滑而没有边缘信息的指导，导致条带状现象的产生。Tao 等（2013）算法的深度估计结果中存在着大量的噪声并且左下角的矩形处出现了过度平滑现象。噪声的出现是因为梯度线索的引入，梯度线索对噪声的低鲁棒性使得当场景中存在大量随机噪声时，算法完全失效，导致双线索匹配代价的计算精度远低于基于宏像素方差的单一线索匹配代价。过度平滑现象是其采用的基于马尔可夫随机场的全局优化方法所导致的，当无法从场景原始图像中获取正确边缘信息时，全局优化方法就会无法控制平滑的界限，造成部分区域的过度平滑。Jia 和 Li（2017）的算法得出的深度估计结果明显优于前两种算法，这也可以从侧面证明基于成像一致性检测的匹配代价构建方法对于噪声的高鲁棒性，但是可以看到右下角的圆形区域中心存在整片的深度突变区域，并且深度图中四种图形的边缘都是不平整的，这些都是图割现象所引起的。由于图割算法没有办法从场景中获取正确的物体边缘信息，就导致在平滑阶段算法受到错误边缘信息的导引，在最终结果中产生了错误的边界。

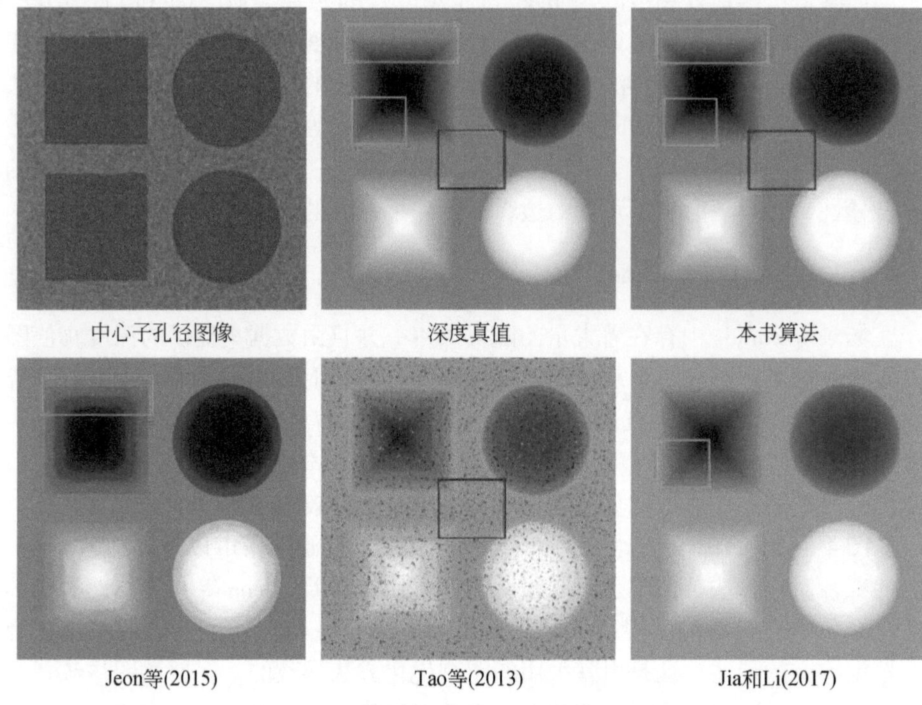

图 4-16　场景 pyramids 深度图

综上所述，在面对场景中大量的随机噪声以及大片的弱纹理区域时，仅利用点与点之间局部关系以及仅利用图像特征的匹配代价效果会大大降低，而图割、马尔可夫随机场这类全局优化的方法由于无法建立正确的物体边缘关系，最终深度优化结果也会失真。相比之下，本书算法采用了宏像素方差作为单一线索构建匹配代价，并且在深度优化阶段采用了快速加权中值滤波作为深度优化方法。宏像素方差能够表征光场相机对同一空间点在各个角度上的成像一致性，在充分利用光场相机多视角特性的同时通过对宏像素区域的运算保证了对噪声的鲁棒性，因此能够得到较为平滑的初始深度估计结果；快速加权中值滤波算法不需要通过原始图像构建边缘信息，优化结果也就不会受到原始图像中噪声和弱纹理区域的影响，保证深度估计的精度。因此，本书算法能够得到比其他三种算法精度更高的深度估计结果，也最为接近深度真值图像的目视效果。

4.4.1.3　场景 sideboard

场景 sideboard 是一个典型的复杂场景，该图像中前景物体较多并且相互之间的遮挡情况较为复杂，会给遮挡边缘处的深度估计带来一定的困难；背景墙上存在着同一深度平面上的重复纹理，会给仅利用图像特征的算法以及全局优化方法带来挑战；右边角落中的篮球同样是一处深度估计的难点，因为篮球表面存在着花纹，但通过深度真值可以看出花纹处并没有深度变化，因此这同样考验着深度估计算法对于边缘纹理信息的还原能力。

从图 4-17 中的深度估计结果来看，Jeon 等（2015）的深度估计结果在右侧墙壁处和地板处都有明显的条带现象，这是由图割算法受到墙壁和地面上花纹干扰，无法获取场景中正确的物体边缘所导致的。从深度真值可以看出，墙壁和地面上深度是平滑过渡的，并不存在物体的边缘，而墙面和地面上大量的重复纹理信息使得图割算法发生了错误的边缘判断，产生了条带状的深度优化结果。此外，Jeon 等（2015）的深度图中，角落里的篮球中心出现了一处空洞，空洞位置与原图像中篮球上的反光处吻合，可以看出是由 Jeon 等（2015）算法中仅仅针对图像特征的色彩相似度和梯度相似度匹配代价导致的。当物体表面存在光斑时，由于光斑并不是物体本身的纹理，因此在不同视角的图像中光斑存在位置不同，基于色彩相似度的匹配代价构建时就会在物体表面识别出错误的对应点，导致光斑区域的深度值异于物体的其余部分；光斑会在物体表面形成一个深度突变的边缘（亮度特别高），因此基于梯度相似度的匹配代价构建时会将深度突变处

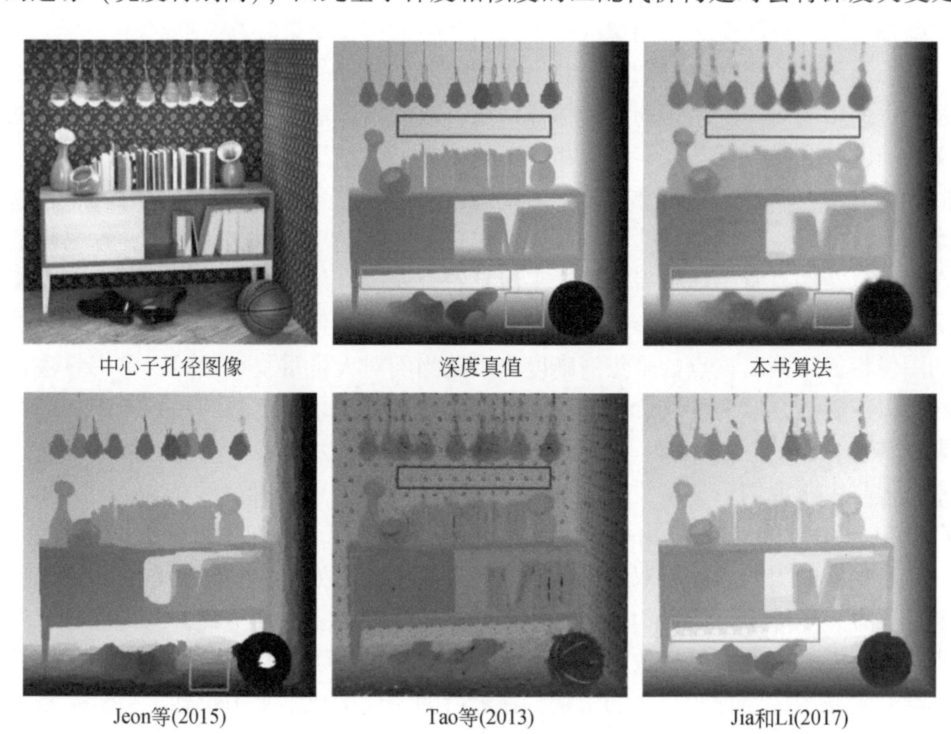

图 4-17　场景 sideboard 深度图

识别为清晰区域，从而使得光斑部分与物体其余部分深度估计值不同。由此，将色彩相似度和梯度相似度加权相加后，更加放大了二者共同的缺陷，使得错误深度值处的匹配代价变得更小，更加剧了错误深度估计的产生。Tao 等（2013）的深度估计结果中可以看到后面和侧面的墙上存在着大量的规则噪声，与原图像中的纹理相吻合，并且角落里的篮球在皮革拼接处出现了错误深度的纹理，可以看出与 Jeon 等（2015）的算法相同，这些都是全局优化方法受到原图像中纹理干扰所导致的；此外，可以看出在图像最下侧的地板上存在大量条纹状噪声，这是由于该算法采用的梯度线索匹配代价在进行计算时，受到地板上纹理的干扰，将纹理与背景的深度突变识别为清晰成像点，在与宏像素方差线索融合后产生了干扰。而算法没有很好地解决二义性问题，就导致了深度估计误差。此外，可以看到地上的皮鞋轮廓几乎无法分辨，这是全局优化算法导致的过度平滑现象。相比之下，Jia 和 Li（2017）的深度估计结果优于前两者，深度图中右、后两侧的墙面以及地面都能够得到较为平滑的深度估计结果，对于桌子以及桌上物体的深度估计也与深度真值较为接近。但我们可以看到在桌子下部的墙面上仍然存在着纹理特征，并且地上的皮鞋处存在三层的深度突变，角落里篮球的边缘也不平整，这些都是图割算法受到原图像纹理干扰而产生的错误结果。

综上所述，在面对复杂场景时，仅利用图像特征的算法会受到场景中纹理以及光斑的影响而产生错误的深度估计结果；双线索方法若无法解决两条线索的二义性问题，会导致两条线索结果相互干扰而在最终结果中出现深度估计误差；全局优化方法在面对原始图像中复杂的纹理以及边缘信息时，会出现边缘关系构造误差，直接导致最终深度估计结果中错误边缘特征的出现。相比之下，本书算法在面对复杂场景时，能够得到较为平滑且符合深度真值的结果。首先，由于本文采用的宏像素方差匹配代价是通过各个视角成像的一致性强弱，而不是仅通过点的图像特征来判断该点的聚焦清晰度，因此当面对大量重复纹理时，本书算法仍然可以准确地判断匹配代价的大小，也因此能够得到较为平滑的初始深度估计结果。其次，Tao 等（2013）和 Jia 和 Li（2017）的算法中都采用了宏像素方差线索，但是由于他们第二条线索［Tao 等（2013）算法中的梯度线索以及 Jia 和 Li（2017）算法中的中心视角相似度线索，都对于噪声、纹理鲁棒性差］的存在，导致了误差的引入，使得双线索结合之后精度反而不如单一线索。本书算法采用宏像素方差作为单一线索构建匹配代价，并不会存在多方的干扰，因此能够保证宏像素方差线索充分发挥效果。最后，本文算法采用了加权中值滤波方法，因此不会受到原图像纹理和光斑的干扰，在最后的深度优化结果中得到了较为平滑的墙面和地板，以及较为平滑的物体边缘。

4.4.1.4　场景 dino

场景 dino 能够很好地测试算法对于阴影的抗干扰性。由原始图像可见，场景 dino 的光源是位于物体左侧靠下位置的，这使得场景中的物体都会在右侧和后侧的墙上投下影子。例如，图像背景中存在的一个巨大的恐龙阴影对于仅利用图像特征的算法就存在较强的欺骗性。场景中的墙面和地面都是木质的，存在一定的木质纹理，这也属于较强的纹理干扰。

从图 4-18 中的各个算法的深度估计结果来看，Jeon 等（2015）的深度估计结果在背景和墙面处都存在明显的条带状现象，并且在背景墙上的条带中能够明显看出恐龙头颈部的轮廓，这都是因为图割算法在根据原始图像构建物体边缘模型时，将恐龙阴影以及地面、墙面花纹识别为物体的边缘，使得在进行深度分割时，错误的边缘点之间产生了较高的权值而被错误分割为两个深度标签，导致在最终深度图中出现了与阴影和纹理轮廓相一致的深度断层。此外，我们能看出在 Jeon 等（2015）的深度图中经常出现深度不连续区域，也是同样的道理。Tao 等（2013）的深度估计结果中存在着大量的点状和条带状噪声。

图 4-18　场景 dino 深度图

这是因为所采用的梯度匹配代价对于图像中纹理和噪声点的鲁棒性较差，容易受噪声点周围因纹理和噪声而产生的深度突变现象的干扰，将噪声点识别为清晰成像点而产生错误的深度估计；因为所采用的置信度评价指标无法解决两条线索的二义性问题，使得即使在非纹理或非噪声点处也会因为两种线索的深度估计结果不一致导致结果中出现错误的深度估计值。此外，可以看到 Tao 等（2013）的深度估计结果中存在着明显的过度平滑现象（如积木的尖端已经看不出来、企鹅的上半身已经消失不见、柜子中能看出小熊的影子等），这是由其采用的基于马尔可夫随机场的全局优化方法导致的。Jia 和 Li（2017）的深度估计结果优于前两者，但在地板处能够看出有明显的深度断层现象，深度断层处恰好是原始图像中地面上的阴影边界；并且在右侧的墙上出现了与原始图像中恐龙骨架阴影相匹配的误差区域，可以看出是由于图割算法将原始图像中恐龙骨架和地面阴影识别成了边界而使得构建的图模型中非边缘点之间权值过高，导致最终分类结果中产生了错误的深度分界。

综上所述，在具有大量阴影的场景中，采用全局优化方法的深度估计结果都会或多或少受到阴影的影响而产生错误的深度突变边界。相比之下，本书算法采用了快速加权中值滤波这种局部优化方法，由于不需要参照原始图像构建边缘关系，本文算法不会受到场景中阴影的干扰，从本文算法结果可以看出，无论是有着巨大恐龙骨架阴影的墙上，还是存在线性阴影的地板上，本书算法都能够得到与深度真值一致的较为平滑的深度估计结果。

4.4.1.5 场景 stripes

场景 stripes 为典型的弱纹理结合重复纹理的场景，深度估计的难度较高。由原始图像可以看出，在场景中存在 9 条纹理相同的垂直色带，这对于立体匹配算法是较为困难的；并且由深度真值可以看出，在 9 条垂直色带的交界处还存在 8 条深度凹陷区域，这些凹陷区域的周边存在一定的纹理特征（纹理特征在图像中表现为随机噪声）。图像左边的纹理特征十分不明显，之后纹理特征按照从左到右的顺序逐渐增强，因此分辨这些区域（尤其是最左边区域）的深度对于仅利用图像特征的算法来说也是较为困难的。

从图 4-19 中的各个算法的深度估计结果来看，Jeon 等（2015）的深度估计结果虽然能够较好地还原中间偏右部分的垂直色带，但在左侧纹理特征不明显的区域，算法完全失灵，出现大片误差区域。由于 Jeon 等（2015）的算法使用色彩相似度结合梯度相似度的双线索匹配代价，这两种匹配代价都是利用图像特征来判断点之间的视差和成像清晰度，因此在图像右边纹理特征较为明显的区域，两种匹配代价都能够得到较为准确的结果，并且由于图割算法能够准确识别出原始图像中垂直色带的边缘并按照识别得到的边缘信息进行平滑操作，该算法对于中间偏右侧区域的垂直色带能够得到较为准确的深度估计结果；而对于左侧区域，虽然图割算法能够识别垂直色带的边缘，但是色彩相似度和梯度相似度两种检测方法无法通过图像中的弱纹理特征得到有效结果，因此得到的初始深度图效果非常差，图割算法也无法解决问题，导致最终结果中图像左侧被归类为同一深度；对于图像中的 8 条弱纹理凹陷区域，无论是图割算法还是仅利用图像特征的双线索匹配代价都无法检测出它们的轮廓，因此 Jeon 等（2015）的深度估计结果中完全没有体现出这部分的深度信息。通过 Tao 等（2013）的深度估计结果可以看出，他们的算法对于这一场景完全失效，这是因为该算法采用了宏像素方差与梯度线索构成双线索匹配代价，其中梯度线索仅利用图像特征判断成像清晰度，当面对弱纹理区域时，无论实际成像清晰与否，梯度线索都会将整个区域判断为未清晰成像，导致深度估计结果过度平滑；当面对噪声区域时刚好相反，由于噪声点往往与周围点的像素值不同，因此无论实际成像清晰与否，梯度线索都会将噪声点处判断为清晰成像点。基于以上两点原因，在面对弱纹理区域夹杂随机噪声的场景时，梯度线索会产生非常差的初始深度估计结果。如本章第 1 节所

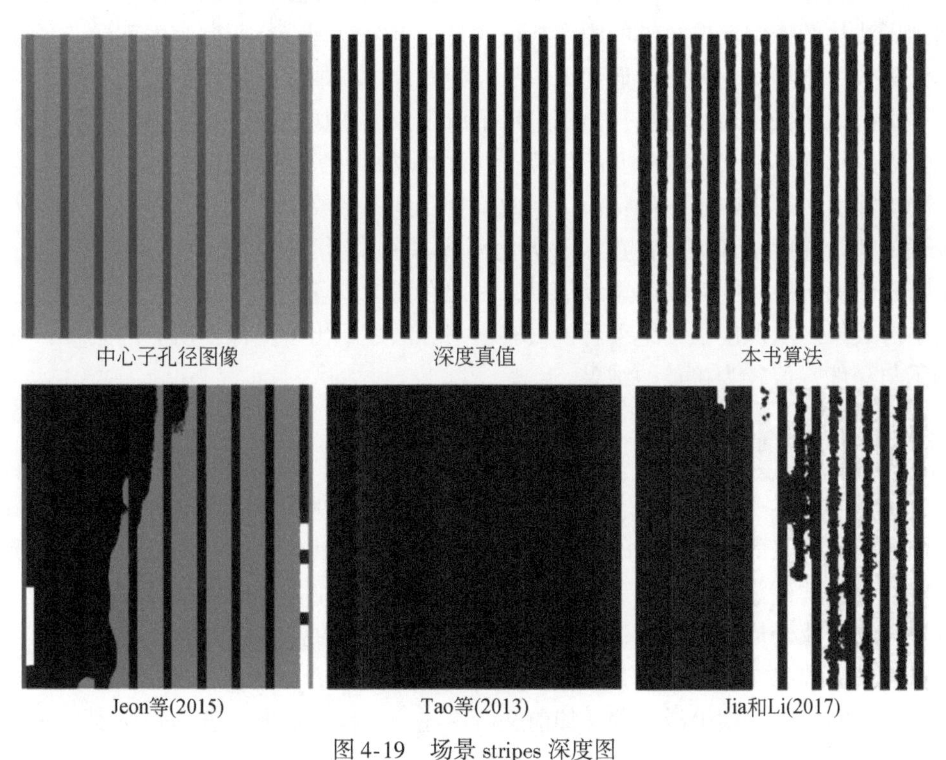

图 4-19　场景 stripes 深度图

论述，Tao 等（2013）提出的置信度评价方法无法解决双线索带来的二义性问题，因此虽然宏像素方差线索能够得到较为鲁棒的初始深度估计结果，但经过与梯度线索的融合之后会受到梯度线索的干扰，导致获取到的初始深度图效果较差，之后的马尔可夫随机场仅仅是优化方法，在这种初始深度图效果太差的情况下并没有办法提高深度估计精度，因此得到了图中的深度估计结果。Jia 和 Li（2017）的深度估计结果与 Jeon 等（2015）相似，该算法对图像中间偏右部分的垂直色带还原效果较好，但对图像的左半边进行计算时，算法完全失灵，这是因为 Jia 和 Li（2017）同样采用了图割算法进行深度优化。不同的是，Jia 和 Li（2017）的算法还原出了右边弱纹理区域的深度凹陷部分，这是因为其采用的宏像素方差和中心视角相似度这两种匹配代价都是基于光场相机各个视角的成像一致性特征，而不是仅针对图像特征来判断聚焦清晰度，使得算法对于弱纹理区域的深度变化能够得到较为精准的识别结果，但基于中心视角相似度的匹配代价对于噪声的鲁棒性较差，为结合后的双线索匹配代价引入了噪声，反映在结果中就体现为深度图右侧的凹陷区域边缘不平整。

综上所述，面对弱纹理及重复纹理区域，仅利用图像特征的深度估计方法会遇到无法从图像中获取足够的图像特征或是被重复纹理特征所欺骗的问题，导致算法失效；全局优化方法会遇到无法从原始图像中获取正确边缘信息的问题，导致平滑时无法保留边缘信息，出现过度平滑现象。相比之下，本书算法选择了宏像素方差作为单一线索构建匹配代价，通过光场相机各角度成像一致性分析来判断物体深度，不依赖于图像特征，因此不会受到图像纹理的欺骗，能够得到较为准确的初始深度估计结果；在深度优化环节本书采用了快速加权中值滤波算法，不需要依赖于原始图像中的边缘信息，因此在图像纹理不足时同样可以得到较好的平滑效果。从深度估计结果看，只有本书算法还原出了图像中所有的条带，得到了与深度真值较为接近的结果。

4.4.1.6 场景 pillows

场景 pillows 为同时存在噪声、弱纹理区域以及阴影的较为复杂的场景，场景前方的被子表面存在大量的离散噪声，场景后方的枕头上存在弱纹理区域，场景中间位置的枕头上存在十字形阴影，这些特征都会给基于图像特征的匹配代价构建方法以及全局优化方法带来困难。从图 4-20 中的各个算法的深度估计结果来看，Jeon 等（2015）的深度估计结果中，前景存在着明显的条带状现象，背景则存在着明显的过度平滑现象。如前文所论述，这首先是由于色彩相似度和梯度相似度相结合的双线索匹配代价对弱纹理区域深度估计精度较低、对噪声的鲁棒性较差，导致初始深度估计结果的精度较低；其次是图割算法在原图像的弱纹理区域以及离散噪声区域无法获取准确的边缘信息，使得在平滑时无法保留图像边缘。这两种原因共同造成了条带现象以及过度平滑现象的出现。Tao 等（2013）的深度估计结果中则出现了大量的斑块状噪声，并且背景处同样出现了过度平滑现象。斑块状噪声的出现是由于双线索匹配代价中的梯度线索对于噪声场景的鲁棒性较差，对于弱纹理区域也会因无法从图像中得到足够的纹理信息而产生错误的深度估计结果。如前文所述，Tao 等（2013）提出的置信度评价方法无法解决双线索带来的二义性问题，这就导致将梯度线索与宏像素方差线索融合之后，不仅在噪声点处产生深度估计误差，原本正常的点也会因为两种线索计算结果的不一致产生一定的错误估计，最终产生了图中的结果。过度平滑现象则是由全局优化方法无法获得正确边缘信息导致的。Jia 等的算法能够得到较为准确的深度估计结果，这是因为基于成像一致性的匹配代价构建方法对弱纹理区域及离散噪声的鲁棒性较高，但是可以看出在枕头边缘处还是出现了不平整的现象，这是由其采用的图割算法导致的。

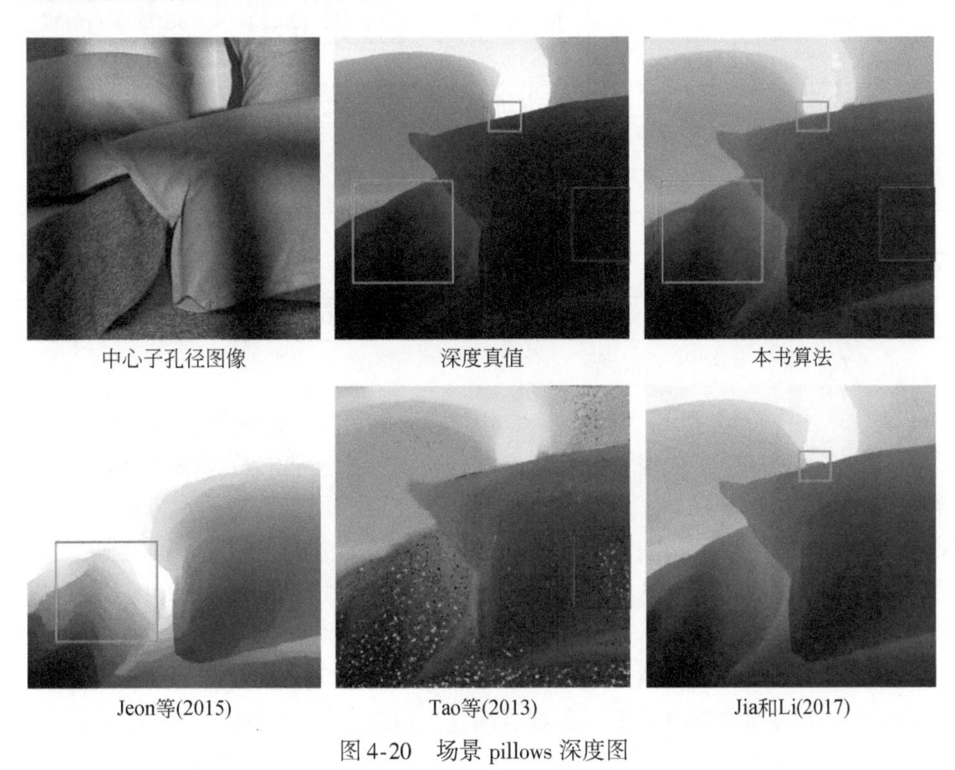

图 4-20　场景 pillows 深度图

综上所述，在面对阴影、弱纹理区域及阴影同时存在的复杂场景时，仅仅利用图像特征的算法整体效果不佳，并且依赖于从原始图像中获取边缘信息的全局优化方法也会由于边缘获取不正确导致最终结果中部分区域出现过度平滑现象。相比之下，本书算法中采用的宏像素方差匹配代价以及快速加权中值滤波的局部优化方法能够在这种复杂场景中保持较高的鲁棒性，得到较为平滑的深度过渡以及较为平滑的物体边缘。

从定量指标来看，表4-1给出了各种方法深度估计结果的均方误差值，可以看出，本书算法在全部的6个场景中得到了4个最优值以及2个次优值，证明本书算法对各种特性场景的适应性较强。其中，在pyramids、stripes和pillows场景中，本书算法都得到了大幅低于次优结果的均方误差值，证明本书算法在面对弱纹理、重复纹理以及阴影区域有较好的深度估计性能，对于离散噪声也具有较强的鲁棒性。而在sideboard和dino场景中，本文算法虽然得到了次优值，但可以看出与最优值的差距并不明显（表4-1）。

表4-1 各方法均方误差统计表

算法名称	本书	Jeon等（2015）	Tao等（2013）	Jia和Li（2017）
cotton	**0.8128**	1.6656	2.6707	<u>0.8262</u>
pyramids	**0.0049**	<u>0.0911</u>	1.3507	0.6159
sideboard	<u>0.5142</u>	**0.4535**	3.0823	1.3472
dino	<u>0.5642</u>	**0.3507**	0.7114	0.6200
stripes	**10.547**	30.208	51.170	<u>23.442</u>
pillows	**0.8112**	15.266	2.5808	<u>2.0964</u>
平均	**2.2092**	8.0060	10.261	<u>4.8247</u>

加粗为最优结果，下划线为次优结果

其余算法中，Jia和Li（2017）在4个场景中取得了次优结果且平均均方误差值为次优，可见基于成像一致性的匹配代价设计方法能够给算法带来较高的精度；Jeon等（2015）取得了两个最优结果以及1个次结果，平均均方误差值排在第三位，可以看出仅利用图像特征来构建匹配代价的方法在精度方面还是稍显不足；而Tao等（2013）算法整体的计算精度较低，并且在pyramids和stripes这两个场景中体现的尤为明显。这一方面是因为梯度线索对于弱纹理、重复纹理区域以及离散噪声区域的估计精度较低，另一方面也可以看出对于双线索匹配代价，二义性是一个必须要解决的重点和难点问题。通过最终对三种算法的平均均方误差的计算结果可以看出，本书算法的平均均方误差值比次优结果降低2.6155，降低比例约为54.21%，证明本书方法的计算精度相比于其他算法有着较为明显的优势。

表4-2给出了各个场景的计算耗时，可以看出除本文算法外的其他三种算法

计算耗时都较长，次优结果需要 340s 左右，而最长耗时达到了 22 000s 左右。而本书算法在各个计算场景中都可以得到最短的计算耗时，仅需 85s 左右，并且较为稳定。

表 4-2　各方法计算耗时统计表　　（单位：s）

算法名称	本书	Jeon 等（2015）	Tao 等（2013）	Jia 和 Li（2017）
cotton	**85.65**	1 749	341.3	18 108
pyramids	**85.33**	1 930	342.3	30 011
sideboard	**85.37**	1 917	336.6	23 676
dino	**85.51**	1 979	340.0	16 671
stripes	**85.41**	1 503	335.5	22 340
pillows	**86.55**	2 207	340.2	22 014
平均计算耗时	**85.64**	1 881	339.3	22 137

加粗为最优结果，下划线为次优结果

其余算法中，Tao 等（2013）的算法耗时为次优，约为 340s，这是因为双线索匹配代价和全局优化方法耗费了时间；Jeon 等（2015）算法速度排名第 3，为 1881s 左右，这是由于该方法采用的色彩相似度和梯度相似度匹配代价计算复杂度都较高，再加上采用的图割算法，导致整个算法的计算耗时大大增加，而 30min 左右的计算耗时已经大大降低了算法的实时性；Jia 和 Li（2017）的算法耗时最长，达到了 22 000s 左右，这一方面是由于其采用的双线索匹配代价和图割优化算法较为耗时，另一方面其采用的遮挡区域分割步骤也耗费了大量的时间，而超过 6h 的计算耗时已经使得该算法完全失去了实时性，即使是作为后处理步骤，其算法耗时也显得过于多了。通过计算各个场景的平均计算耗时可以看出，本书算法计算耗时比次优结果降低 253.71s，降低比例约为 74%，证明本书方法在计算效率方面相比于其他方法同样有着较为明显的优势。

综上所述，在所有方法中，Tao 等（2013）的算法计算速度次优，但计算精度最差；Jia 和 Li（2017）的算法计算精度次优，但计算效率最差；Jeon 等（2015）的算法在精度和速度两方面都较为居中。而本书方法在计算精度和计算效率方面均明显高于其他方法，且在各个类型的场景中都能够得到较为稳定的结果。

4.4.2　真实光场数据对比结果

一般的，对于真实光场数据，下文从目视结果和定量指导指标两个方面来进行阐述。从图 4-21 ~ 图 4-24 中可以看出，在所有的 4 个场景中，通过 Jeon 等（2015）和 Jia 和 Li（2017）的深度估计结果能够很明显看出，在原始图像边缘信息明显处，图割优化方法构建出了清晰的边缘，但算法对于物体内部的深度估计准确性欠佳，且具有明显的分块特征。并且 Jeon 等（2015）和 Jia 和 Li（2017）的算法分别在场景 2 和场景 3 中失灵，求得的深度图有一半以上区域为同一深度。以上都体现出这两种算法的弊端，即当图像质量较差时，双线索的匹配代价对于噪声的鲁棒性较差，得到较差的初始深度估计结果，并且全局优化方法无法构建正确的物体边缘，使得整个算法失效。Tao 等（2013）的深度估计结果则可以明显看出全局优化方法的另一个弊端，即过度平滑。可以看出，Tao 等（2013）在所有 4 个场景中都存在明显的过度平滑现象，使得整个深度图较为模糊，这是因为 Tao 等（2013）采用的梯度线索对于噪声的鲁棒性较差，在面对真实场景影像中较多的离散噪声时，产生了有着较多噪声点的初始深度估计结果，之后的全局优化方法在无法得到正确边缘信息的同时要消除这些噪声点，就产生了过度平滑的现象。

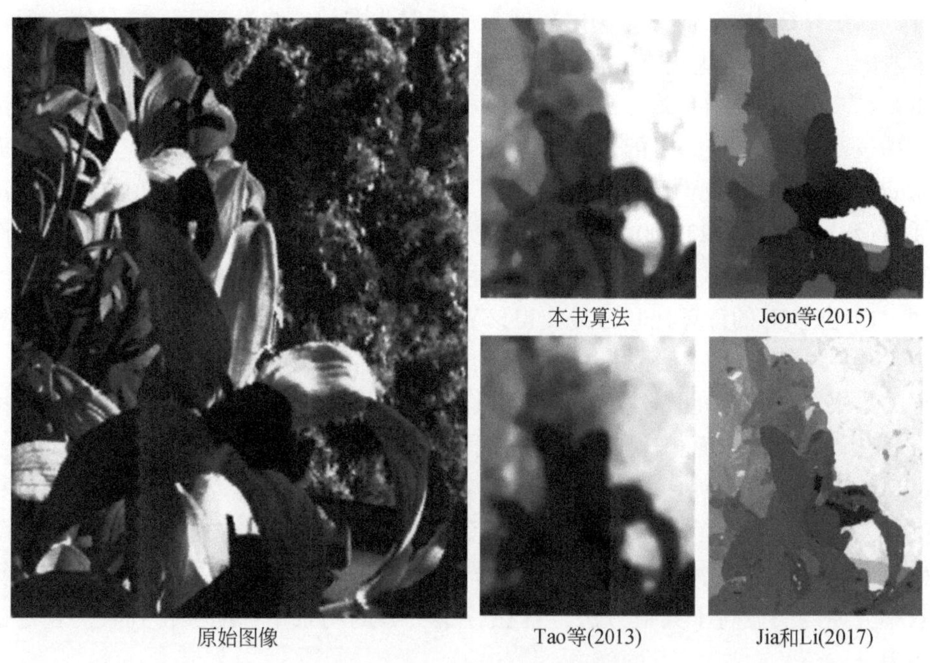

图 4-21　真实光场数据–场景 1 深度图

相比之下，本文算法在 4 个场景中都能够得到较好的深度估计结果，在前景中既没有出现物体内部的条带化或区块化现象，又还原出了较为清晰的物体边缘，在背景中也得到了较为平滑的深度过渡效果。

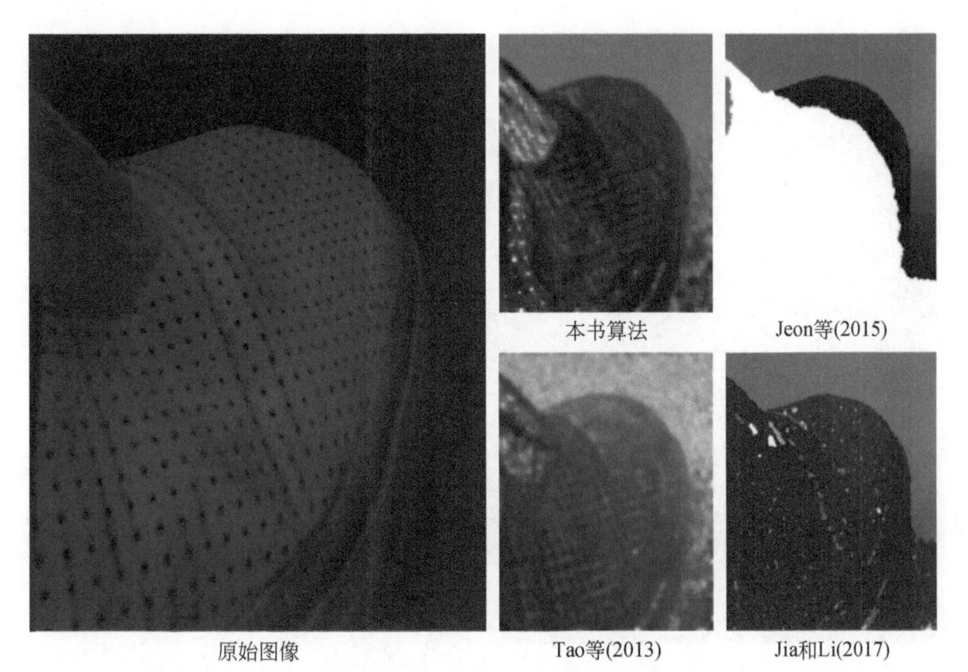

图 4-22　真实光场数据-场景 2 深度图

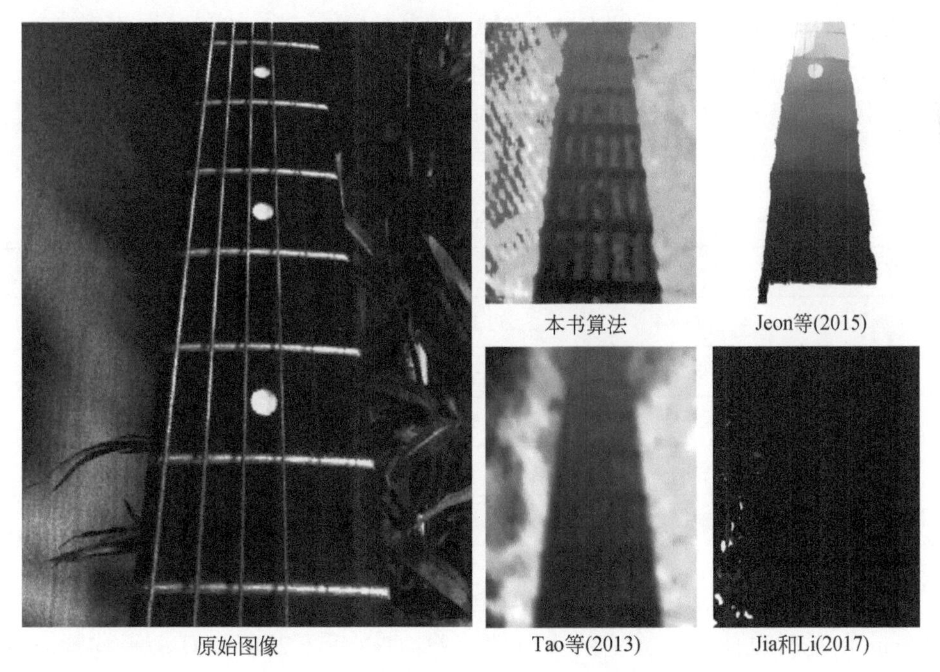

图 4-23　真实光场数据-场景 3 深度图

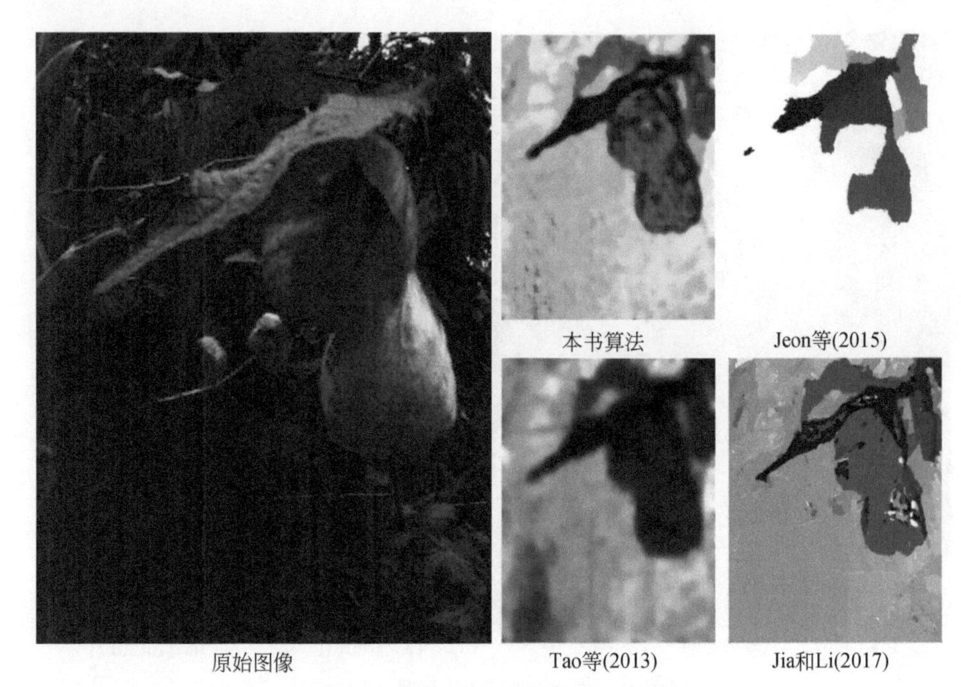

图 4-24　真实光场数据-场景 4 深度图

从定量指标来说，表 4-3 为各个算法在真实场景中的计算耗时对比，可以看出，各个算法在真实场景中的计算耗时都低于合成场景，这是因为采用的真实场景光场影像分辨率为 311 像素×362 像素，低于合成光场图像的 512 像素×512 像素，各个算法所需要处理的像素数量大大减少，算法的耗时也就大大降低（表 4-3）。

表 4-3　真实场景中各算法计算耗时统计表　　（单位：s）

算法名称	本书	Jeon 等（2015）	Tao 等（2013）	Jia 和 Li（2017）
场景 1	23.04	379.9	210.2	4720.5
场景 2	22.75	388.7	219.0	5644.7
场景 3	23.50	440.5	213.1	4326.9
场景 4	23.44	460.7	211.6	5052.5
平均计算耗时	23.18	417.5	213.5	4936.2

其中，Jeon 等（2015）算法平均耗时 417.5s，在所有算法中排名第三，6.95min 的耗时也使得该算法的实时性较差；Tao 等（2013）算法平均耗时为 213.5s，在所有算法中排名第二，3.56min 的耗时相比于 Jeon 等（2015）实时性

较好，但仍然无法进行实时深度估计；Jia 和 Li（2017）算法平均耗时 4936.2s，在所有算法中耗时最长，而 1.37h 的计算耗时也使得该算法几乎完全丧失了实时性，虽然该算法对于真实场景中的复杂遮挡有一定的效果，但较长的计算耗时使得该算法无法应用于实时场景。相比之下，本书算法平均耗时 23.18s，在所有算法中耗时最短，23.18s 的耗时使得本文算法可以适用于实时深度估计的要求。通过各个场景的平均计算耗时可以看出，本书算法的计算耗时相比于次优结果的 213.5s 降低了 89.14%，相比于合成光场图像对比中的计算结果提升幅度更大，证明了本书算法在针对真实场景进行实时深度估计时相比于其他算法有着更加明显的优势。

4.5 基于 EPI 的方法

上述深度估计方法都是基于光场数据的子孔径图像的组织方法，事实上，光场数据不仅有基于子孔径图像的组织方法，还可以采用极平面图像（epipolar plane image，EPI）的方式。光场相机的多角度特性使得它能够通过单次成像获取不同视角的图像序列，因此应用光场相机可以很方便地提取极平面图像，进而显示出成像点的运动轨迹。极平面图像这一概念最早由 Bolles 等（1987）提出，它指的是场景中的点在各个空间位置处连线的集合。极平面图像记录了成像点在空间中的运动轨迹，可以通过计算极平面图像中一点的斜率来估算出该点的深度值。在光场相机出现前，极平面图像的获取方式是用相机沿着与主光轴垂直的方向对目标静态场景进行不断变换空间位置的连续采样，将获取到的图像按照采样顺序叠放到一起组成图像集合，通过提取该图像集合中同一行或一列空间点在单个方向上的集合得到极平面图像。光场相机出现后，利用光场相机的多视角特性，我们可以通过单次拍摄获取目标场景的四维光场数据，进而可以通过在四维光场中改变空间或角度坐标来提取各个方向的极平面图像，极平面图像也就相当于对四维光场的二维切片（图 4-25）。

极平面图像的应用较为广泛：在深度估计中，基于极平面图像的深度估计方法通过计算极平面图像中各条直线的斜率来判断直线所对应的空间点的深度；在进行数字重聚焦时，可以通过对极平面图像进行不同角度的旋转、切片来获得各个聚焦平面的图像。

图 4-26 中点 P 为空间点（x，y，z），平面 Π 为相机平面，平面 Ω 为像平面，v^* 为 P 点在相机平面的投影点之一，y^* 为 P 点在像平面上的投影点之一。f 为平面间距。图中 Δu 与 Δx 的关系可以表示为如下公式：

$$\Delta x = -\frac{f}{z}\Delta u \tag{4-36}$$

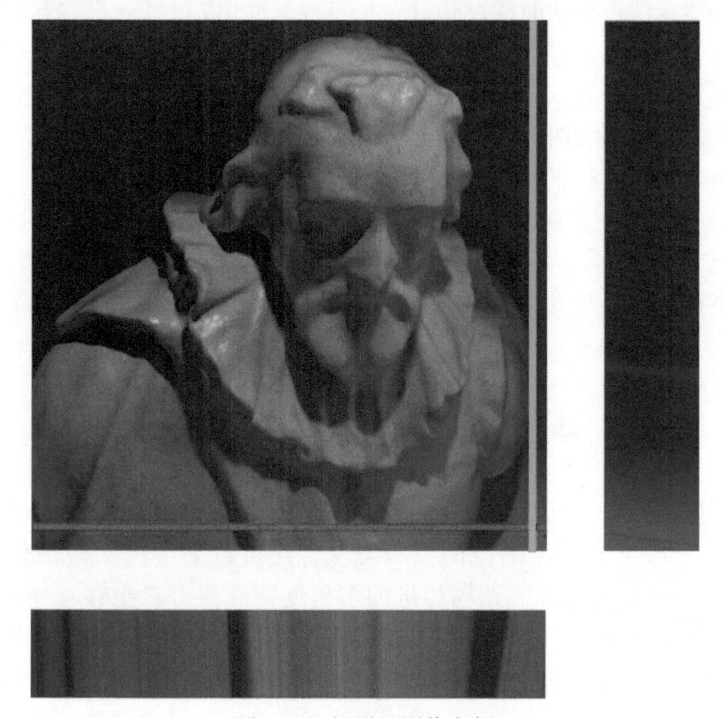

图 4-25　极平面图像实例

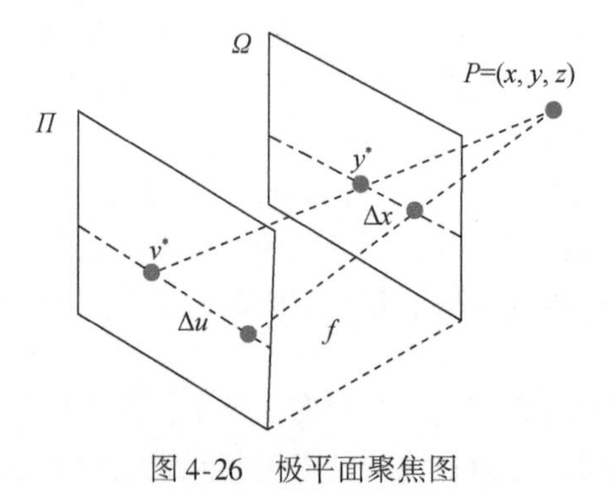

图 4-26　极平面聚焦图

假如固定相同的 Δu，水平方向位移较大的 EPI 图中斜线所对应的视差就越大，即深度就越小。如图 4-27 所示，$\Delta x_2>\Delta x_1$，那么绿色线所对应的空间点要比红色线所对应的空间点深度小。

人们提出了许多基于 EPI 的深度估计算法，其中最具代表性的算法是由 Wanner（2013）提出的结构张量法得到 EPI 图中线的斜率 J，如下公式所示：

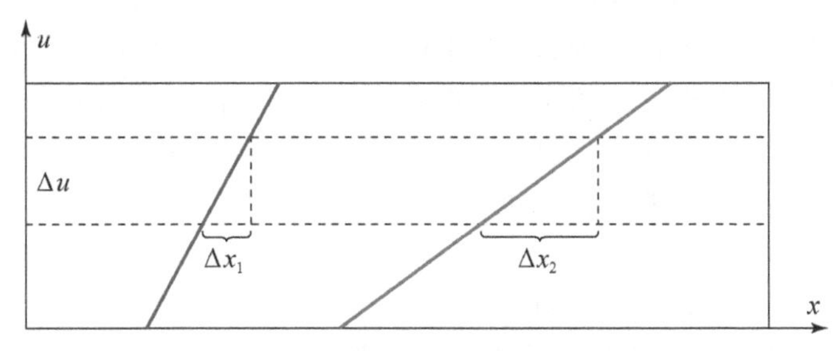

图 4-27　深度与极平面图像的关系示意图

$$J=\begin{bmatrix} G_\sigma*(S_xS_x) & G_\sigma*(S_xS_y) \\ G_\sigma*(S_xS_y) & G_\sigma*(S_yS_y) \end{bmatrix}=\begin{bmatrix} J_{xx} & J_{xy} \\ J_{xy} & J_{yy} \end{bmatrix} \tag{4-37}$$

其中 $S=S_{y*,v*}$ 为极线图。S_x 以及 S_y 表示极线图在 x 以及 y 方向上的梯度，G_σ 表示高斯平滑算子。最终极线图中局部斜线的斜率可以表示成如下形式：

$$J=\begin{bmatrix} \Delta x \\ \Delta v \end{bmatrix}=\begin{bmatrix} \sin\varphi \\ \cos\varphi \end{bmatrix} \tag{4-38}$$

其中 $\varphi=\frac{1}{2}\arctan\left(\frac{J_{yy}-J_{xx}}{2J_{xy}}\right)$。因此深度可以由式（4-36）推出：

$$Z=-f\frac{\Delta v}{\Delta x} \tag{4-39}$$

通常情况下，可以用一种更加简单的形式，如视差对其进行表示：

$$d_{y*,v*}=-\frac{f}{Z}=\frac{\Delta x}{\Delta v}=\tan\varphi \tag{4-40}$$

至此，利用上述公式可以从 EPI 中估计出视差。

4.6　基于深度学习的光场深度估计

目前将深度学习应用于双目或单目视觉估计场景深度的方法已经比较成熟，但将深度学习与光场数据结合进行深度估计还尚在探索之中。

Heber 等（2016）提出了一种新的深度回归网络，用于从光场数据中提取几何信息。其神经网络建立在 U 形的网络架构之上，涉及两个对称部分，编码和解码部分。在第一部分中，网络将来自给定输入的相关信息编码成一组高级特征映射。第二部分中，然后将生成的特征图解码为相应的输出。并使用 3D 卷积层，能够实现同时训练光场数据的两个空间维度和一个方向维度。

Shin 等（2018）提出 EPINET，一种基于 CNN 的快速准确的光场深度估计算法。作者在设计网络时将光场的几何结构加入考虑，同时提出了一种新的数据增强算法以克服训练数据不足的缺陷。作者通过设计一种多流网络将不同的极线图像分别进行编码去预测深度，使得每个极线图都有属于自己的集合特征，将这些极线图放入网络训练能够充分地利用其提供的信息。

Li 等（2020）提出了一种轻量级网络，该网络通过端到端训练的分层多尺度结构来估计光场的深度。并在这种分层的多尺度体系结构中采用成本量，与 EPINET 相比，提高了运算速度并避免了分辨率的损失。

下面具体介绍一下经典的 EPINET 算法的设计原理。

如图 4-28 所示的网络结构，该网络的开始为多路编码网络，其输入为 4 个不同方向视角图像集合，每个方向对应于一路网络，每一路都可以对其对应方向上图像进行编码提取特征。每一路网络都由 3 个全卷积模块组成，因为全卷积层对逐点稠密预测问题卓有成效，所以作者将每一个全卷积模块定义为这样的卷积层的集合：Conv-ReLU-Conv-BN-ReLU，这样的话就可以在局部块中预逐点预测视差。为了解决基线短的问题，作者设计了非常小的卷积核：2×2，同时步长 stride=1，这样的话就可以测量±4 的视差。为了验证这种多路网络的有效性，作者同单路的网络做了对比试验，其结果如表 4-4 所示，可见多路网络相对于单路网络有 10% 的误差降低。

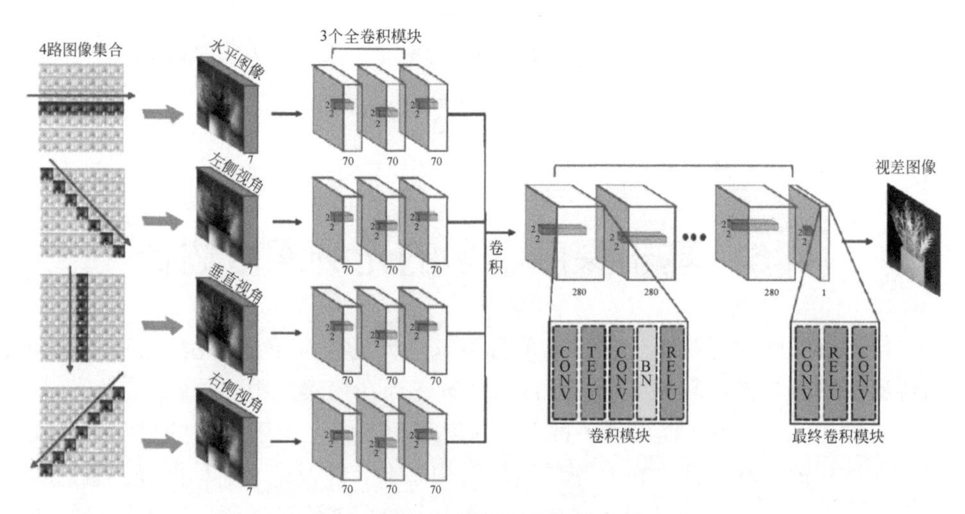

图 4-28　基于深度学习的深度估计示意图

表 4-4　结果与统计示意图

项目	单路	双路	4 路
图像输入编码			
均方差	2.165	1.729	**1.393**
像素差错率（<0.07px）	7.61	5.94	**3.87**

粗体表示最优值

在完成多路编码之后，网络将这些特征串联起来组成更维度更高的特征。后面的融合网络包含 8 个卷积块，其目的是寻找经多路编码之后特征之间的相关性。注意除了最后一个卷积块之外，其余的卷积块全部相同。为了推断得到亚像素精度的视差图，作者将最后一个卷积块设计为 Conv-ReLU-Conv 结构（图 4-29）。

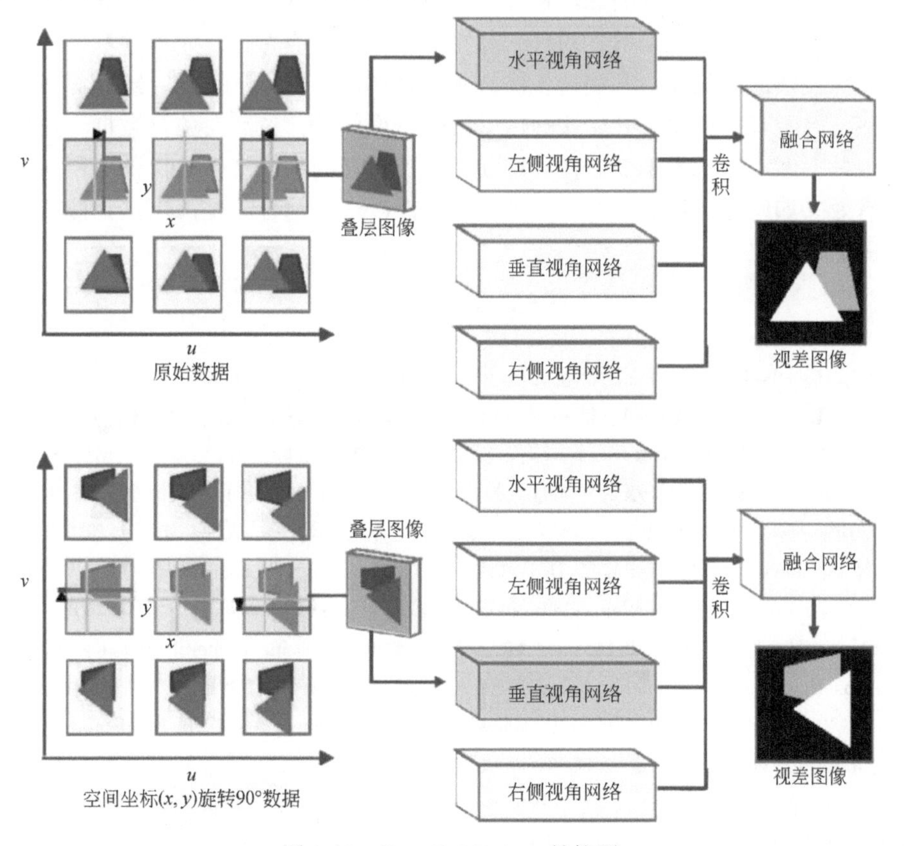

图 4-29　Conv-ReLU-Conv 结构图

最后，图像增强方式包括视角偏移（从9×9视角中选7×7，可扩展3×3倍数据），图像旋转（90°，180°，270°），图像缩放（［0.25，1］），色彩值域变化（［0.5，2］），随机灰度变化，gamma变换（［0.8，1.2］）以及翻转，最终扩充了288倍。图4-30为其各个指标上的性能表现。

像素差错率＜0.01

Algorithm	Meta			
	MEDIAN No preview		AVG No preview ▲	
Epinet-fcn-m	33.721	1	31.898	1
Epinet-fcn9x9	35.863	2	32.982	2
Epinet-fcn	37.520	4	34.988	3
OBER-cross+ANP	36.812	3	35.226	4
OFSY_330/DNR	43.730	6	38.049	5
SPO-MO	43.220	5	40.174	6
OBER-cross	43.812	7	40.896	7
ZCTV	46.247	8	41.153	8
OBER	50.547	9	49.869	9
*LF	59.187	10	54.466	10
CAE	59.441	11	55.835	11
GLFCV	60.506	12	57.876	12
RM3DE	63.521	15	58.079	13
EPN+OS+GC	61.517	14	58.539	14
SC_GC	60.601	13	61.701	15

像素差错率＜0.03

Algorithm	Meta			
	MEDIAN No preview		AVG No preview ▲	
Epinet-fcn-m	7.731	1	9.537	1
Epinet-fcn	9.501	3	10.745	2
Epinet-fcn9x9	9.058	2	11.212	3
OBER-cross+ANP	11.018	4	13.100	4
SPO-MO	15.243	5	14.258	5
OBER-cross	15.465	6	18.731	6
OFSY_330/DNR	20.373	8	20.225	7
PS_RF	19.719	7	21.630	8
SPO	25.215	15	22.300	9
GLFCV	23.479	11	22.450	10
ZCTV	25.721	16	22.917	11
CAE	23.386	10	22.949	12
RM3DE	23.561	12	23.259	13
OBER	23.713	13	23.565	14
EPN+OS+GC	21.731	9	23.828	15

像素差错率＜0.07

Algorithm	Meta			
	MEDIAN No preview		AVG No preview ▲	
OBER-cross+ANP	3.371	2	4.594	1
Epinet-fcn-m	2.996	1	4.646	2
Epinet-fcn	3.381	3	4.931	3
Epinet-fcn9x9	3.658	4	5.406	4
SPO-MO	3.784	5	5.708	5
CAE	8.711	10	8.211	6
SPO	8.779	11	8.466	7
PS_RF	7.559	7	8.578	8
RPRF	9.892	13	10.020	9
RM3DE	7.992	8	10.216	10
OBER-cross	6.715	6	10.289	11
EPN+OS+GC	8.594	9	10.724	12
OBER	9.021	12	11.677	13
OFSY_330/DNR	11.329	17	12.036	14
GLFCV	10.759	15	12.196	15

均方差

Algorithm	Meta			
	MEDIAN No preview		AVG No preview ▲	
Epinet-fcn-m	1.203	1	2.418	1
Epinet-fcn	1.208	2	2.476	2
Epinet-fcn9x9	1.280	3	2.521	3
OBER-cross+ANP	1.464	5	2.584	4
SPO-MO	1.805	7	3.518	5
CAE	2.667	11	3.730	6
FBS*	1.701	6	3.805	7
RM3DE	1.455	4	3.922	8
SPO	3.309	15	3.968	9
OBER-cross	2.547	10	4.010	10
OBER	2.381	9	4.616	11
PS_RF	2.169	8	4.617	12
RPRF	3.760	17	5.683	13
RPRF-5view	3.295	14	5.948	14
*EPI1	3.932	18	5.975	15

图4-30　不同学习网络性能指标图

以上介绍了目前已有的深度估计算法不同类别中具有代表性的算法，它们不一定是最优的，但一定是最容易理解其精髓的。到目前为止，光场领域已经有许多人做深度估计的工作，利用传统的方式其精度很难再往上提高。随着深度学习的大热，已经有一批先驱开始用深度学习做深度估计，虽然在仿真数据上可以表现得很好，但实际场景千变万化，即使是深度学习的策略也不敢保证对所有的场景都有效。如何将光场数据的特性更好地和深度学习结合，是深度估计能否更进一步的关键所在。

参考文献

何立新. 2018. 单目视觉图像深度测量方法研究. 合肥：中国科学技术大学.

李鹏飞. 2018. 基于深度线索和遮挡检测的光场相机深度估计研究, 杭州：杭州电子科技大学.

马肖，舒博伦，李景春. 2016. 双目立体视觉测距技术. 电子设计工程，24（4）：81-83.

唐晓辉，杨双，邓莉. 2016. 双目立体视觉技术研究. 军民两用技术与产品，（6）：33-34.

张俊. 2015. 基于多目立体视觉的真实人脸重建和测量系统的研究. 成都：电子科技大学.

Bolles R C, Baker H H, Marimont D H. 1987. Epipolar- plane image analysis: An approach to determining structure from motion. International Journal of Computer Vision, 1 (1): 7-55.

Chen C, Lin H, Yu Z, et al. 2014. Light Field Stereo Matching Using Bilateral Statistics of Surface Cameras. Columbus: Computer vision and pattern recognition, 1518-1525.

Heber S, Yu W, Pock T, et al. 2016. U-shaped Networks for Shape from Light Field. York: British machine vision conference.

Heber S, Yu W, Pock T. 2018. U-shaped networks for shape from light field. York: British Machine Vision Conference, 37: 1-12. Light Field Depth Estimation RealCat. Light Field Depth Estimation.

https://vincentqin. tech/posts/light-field-depth-estimation/ [2021-3-6] .

Jeon H G, Park J S, Choe G M, et al. 2015. Accurate Depth Map Estimation from a Lenslet Light Field Camera. Boston: IEEE Conference on Computer Vision and Pattern Recognition.

Jia Ying, Li W H. 2017. Multi-occlusion handling in depth estimation of light fields. Hong Kong: Proceedings of the IEEE International Conference on Multimedia and Expo Workshops (ICMEW) .

Joshi N, Szeliski R, Kriegman D J. 2008. PSF Estimation Using Sharp Edge Prediction. IEEE Computer Society Conference on Computer Vision and Pattern Recognition: 1-8.

Li Y, Zhang L, Wang Q, et al. 2020. MANet: Multi-scale aggregated network for light field depth estimation. New Orleans: International conference on acoustics, speech, and signal processing.

Pentland A . 1987. A New Sense for Depth of Field. IEEE Transaction on Pattern Analysis and Machine Intelligence, 9 (4): 523-531.

Shin C, Jeon H, Yoon Y, et al. 2018. EPINET: A Fully-Convolutional Neural Network Using Epipolar Geometry for Depth from Light Field Images. Computer vision and pattern recognition: 4748-4757.

Subbarao M, Surya G . 1994. Depth from defocus: A spatial domain approach. International Journal of Computer Vision, 13 (3): 271-294.

Tao M W, Hadap S, Malik J, et al. 2013. Depth from Combining Defocus and Correspondence Using Light-Field Cameras// IEEE International Conference on Computer Vision. IEEE Computer Society, 673-680.

Wanner S, Straehle C, Goldluecke B. 2013. Globally Consistent Multi-label Assignment on the Ray Space of 4D Light Fields. IEEE Conference on Computer Vision and Pattern Recognition. IEEE Computer Society, 1011-1018.

Watanabe M, Nayar S K, Noguchi M N . 1996. Real-time computation of depth from defocus// Three-Dimensional and Unconventional Imaging for Industrial Inspection and Metrology. Bellingham: International Society for Optics and Photonics.

Wu G, Masia B, Jarabo A, et al. 2017. Light Field Image Processing: An Overview. IEEE Journal of Selected Topics in Signal Processing, 11 (7): 926-954.

Xiong Y L. Shafer S A. 1993. Depth from Focusing and Defocusing. IEEE Computer Society Conference on Computer Vision and Pattern Recognition, 68-73.

Yu Z, Guo X, Ling H, et al. 2013. Line Assisted Light Field Triangulation and Stereo Matchin. Berlin: International conference on computer vision.

Zhuo S, Sim T . 2011. Defocus map estimation from a single image. Pattern Recognition, 44 (9): 1852-1858.

第5章　光场相机硬件发展状况

文艺复兴时期，达·芬奇的“光之金字塔”理论首次描述了光线在空间中的分布，400多年后，A. Gershun在1936年才正式提出“光场”的概念，直到20世纪90年代，光场的采集设备才正式的诞生。光场成像与光场采集具有革命性的特点，被一些人认为是小孔成像与薄透镜成像之后的下一个主要成像革命。如果一个相机可以捕获场景中的光强度及光线在空气中传播的方向，能够记录镜头光圈内所有可能的视角观察场景中的信息，我们称之为“全光相机”，也叫“光场相机”。光场采集的发展可以大体上分为合成光场成像、快门光场成像、编码掩膜光场成像、阵列光场成像等类型。

5.1 合成光场

早期受限于硬件设备的发展，光场的采集需要将一般相机安装到机械移动装置中对目标完成多视角图像采集，然后将所拍得的照片进行合成，即合成光场成像。比较典型的设计是由Levoy等（1996）设计的移动机械臂和Isaksen等（2000）设计的二维移动平台［图5-1（a）、图5-1（b）］。

(a) 移动机械臂

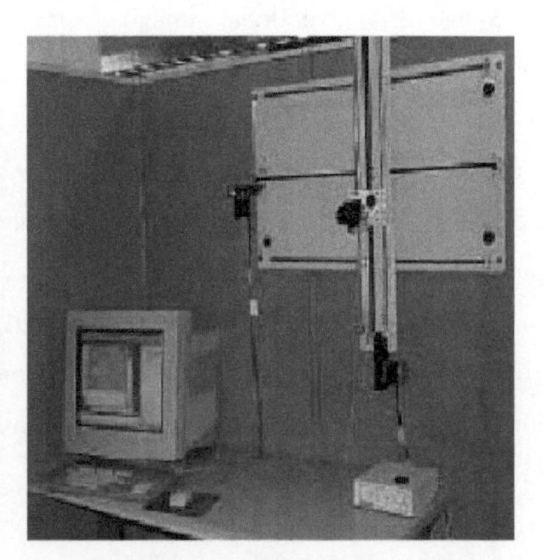

(b) 二维移动平台和相机快门光场

图5-1　早期光场相机

快门光场成像即将多个相机组成阵列，对同一目标进行成像，每个相机分别位于不同的视角代表光场的一个方向采样，通过对每个相机设置相同或不同的曝光时间，可以合成拼接得到静态或高动态范围的全景成像。Yang（2000）最早提出［图 5-2（a)］实时分布式光场相机。2002 年，麻省理工学院计算机科学实验室的 Yang 和同事开发了“实时分布式光场相机”（8×8 个摄像机)，系统生成约每秒 18 帧（每帧 320 像素×240 像素)。与摄像机龙门架系统相比，光场捕获时间大大减少，但是缺乏能够同步图像记录以捕获快速移动的动态场景的能力。斯坦福大学的 Wilburn 等（2005）对其加以改进［图 5-2（b)］，搭建了相机阵列。

(a) 实时分布式光场相机

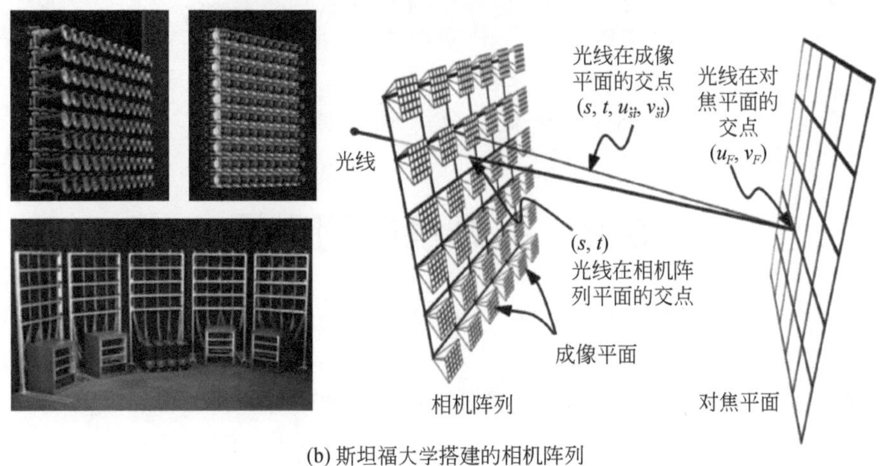

(b) 斯坦福大学搭建的相机阵列

图 5-2　两种合成光场相机

5.2 编码掩膜光场

编码掩膜光场成像通过在相机主镜头与传感器之间插入的光学掩膜来实现对进入相机系统中的光进行调制，并在感光元件记录之后通过算法进行四维光场信息的恢复，其原理如图 5-3 所示。基于掩膜的光场采集系统获取的图像看似与普通相机类似，但其频域呈规律性分布，与光场数据的频域特性类似，能够通过相关处理得到四维光场信息。此类方法的优点在于掩膜是非折射元件，硬件系统更加简单，初级数据处理比微透镜阵列结构更容易实现。

最主要的代表是 Veeraraghavan 等（2007）提出的通过在普通相机光路中插入掩膜实现的光场相机［图 5-3（a）］，此外，另一种可编程相机［图 5-3（b）］是在传统相机光路中加入一个特殊的遮光板，这种相机的成像景深和空间分辨率可通过编码的方式来控制。

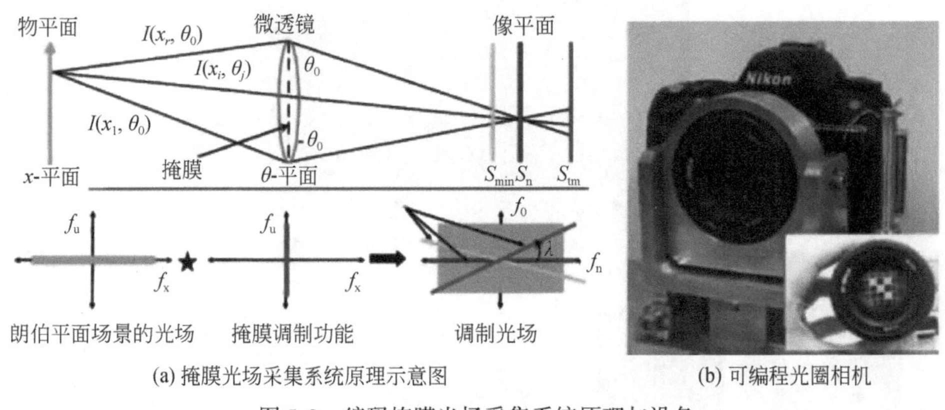

(a) 掩膜光场采集系统原理示意图　　(b) 可编程光圈相机

图 5-3　编码掩膜光场采集系统原理与设备

5.3 微透镜阵列光场

由于早期的相机阵列体积巨大，使得其应用场合受到很大限制，将相机阵列中各个成像单元之间的基线缩小，可实现在单个相机框架下通过微透镜阵列来实现光场信息的采集。图 5-4 为微透镜阵列成像原理示意图，在普通成像系统主透镜的一次像面处插入微透镜阵列，每个微透镜单元及其后对应的传感器区域记录的光线对应场景中相同部分在不同视角（对应光线不同传播方向）下所成像的集合，因此采用二维透镜阵列能够得到同时包含位置和传播方向在内的四维光场数据。本书所设计的“亿级像素全光相机”也是在此基础上设计而来。

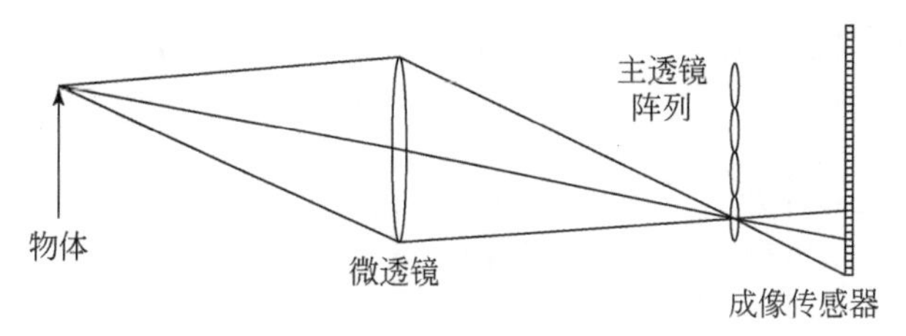

图 5-4　微透镜阵列成像原理示意图

5.4　10M 到 100M 全光相机

Ives（1902）获得了时差立体图专利并使用该专利制作了单镜头，该单镜头设备在胶片的像平面上设有一个线屏从而可以记录两个单独的视图，如图 5-5 所示，这是最早涉及与光场相机非常相似的设备。

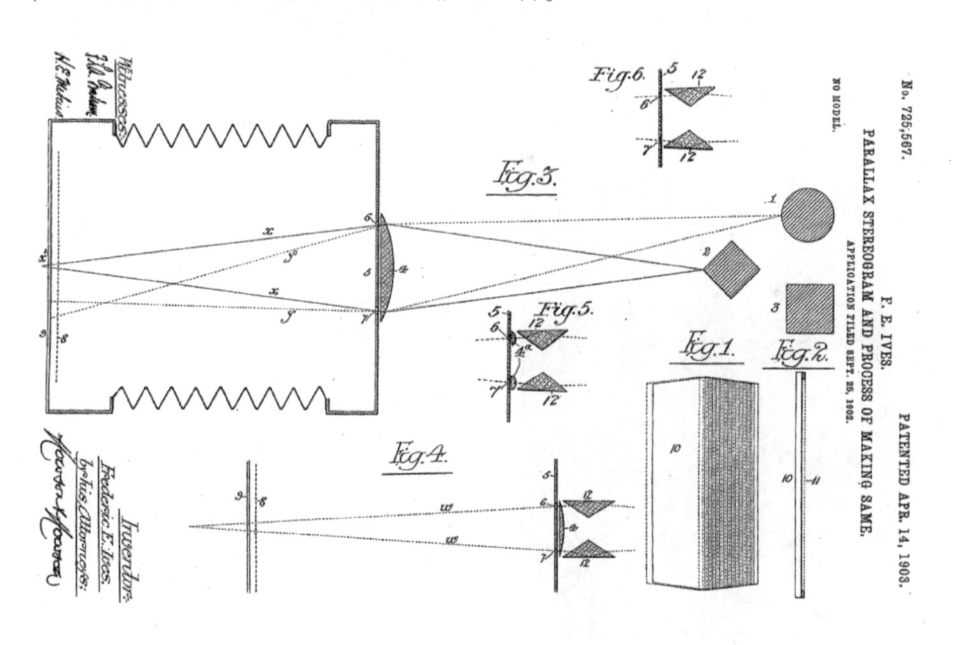

图 5-5　Frederic Ives 的专利设计图

1992 年，Edward Adelson 和 John Wang 提出了一种全光相机的设计，该相机在传感器平面上放置了一个透镜阵列。如图 5-6 所示，在他们的实验室设置中，主镜头将物体聚焦在微透镜阵列前的场镜，场镜保证每个通过主镜头中心的光线能落在对应微透镜所成的图像中心。镜头阵列（100×100）背面形成的图像通过 60mm 中继镜头（微距镜头）重新成像到 CCD 摄像机。未经处理的光场帧尺寸为 512 像素×480 像素，有效分辨率约为 100 像素×100 像素。

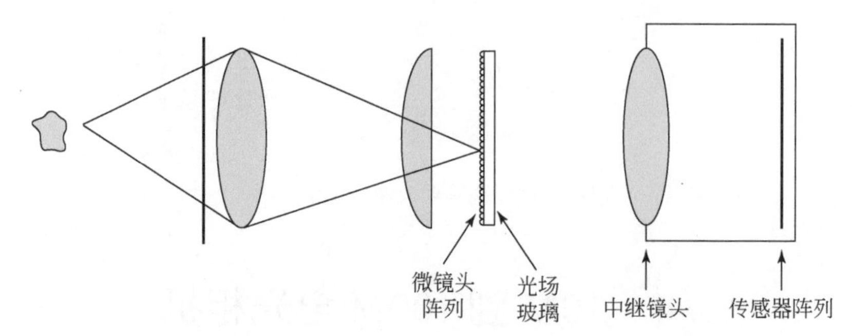

图 5-6　Edward Adelson 和 John Wang 的全光相机设计

1996 年，Marc Levoy 和 Pat Hanrahan 描述了记录光场的装置，包括计算机辅助的相机龙门（图 5-7），将 7 维全光函数缩减到 4 维，为后续的光场设备简化了计算。Marc 等人于 1999 年通过 7 个光场平板中 62 视点×56 视点的网格记录了米开朗琪罗在意大利佛罗伦萨圣洛伦索大教堂的夜景的光场体积，得出 24 304 张每张 1 300 000 像素的单独图片。

带有 Lin Tech 和 Parker 的附加步进电机的改良 Cyberware MS 运动平台提供四个自由度：水平和垂直平移、平移和倾斜。相机是松下 WV-F300 3-CCD摄像机，配备佳能f/1.7 10~120mm 变焦镜头。我们将其锁定在最宽的位置 (10mm) 并进行安装，以便俯仰轴和偏航轴穿过投影中心。在数字化过程中，相机始终对准焦平面的中心。在 Faro 数字化臂的帮助下验证校准和对齐，精度为 0.3 mm

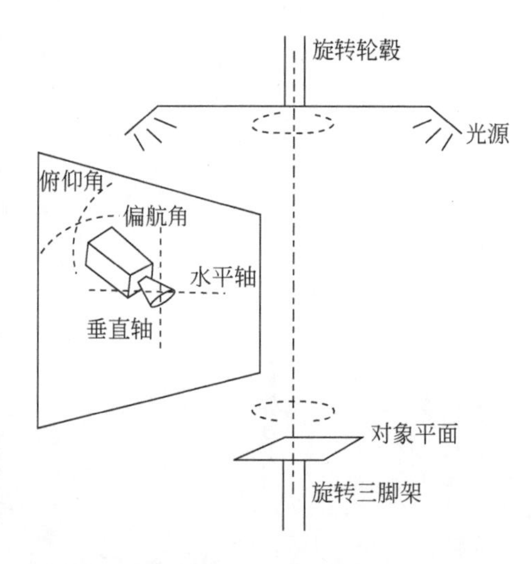

物体安装在 Bogen 流体云台三脚架上，我们手动将其旋转到4个相隔 90°的方向。照明由两个 600W Lowell Omni 聚光灯提供，这些聚光灯连接到天花板安装的旋转轮毂，该轮毂与三脚架的旋转轴对齐。一个固定的 6 × 6 扩散板悬挂在聚光灯和龙门架之间，整个设备用黑色天鹅绒封闭，以消除杂散光

图 5-7　Marc Levoy 和 Pat Hanrahan 描述了记录光场的装置

2005 年，由斯坦福大学的 Wilburn 等（2005）研发的多摄像机阵列（8×12）以每秒 30 帧的速度记录 100 台摄相机的 VGA 视频（640 像素×480 像素）。2005 年，Ng（2005）将重聚焦与光场相机的物理概念相结合，进一步使光场技术小型化，并开发了第一款手持式光野外摄像机（记录的光场图像的有效分辨率为 296 像素×296 像素，每个像素的角度分辨率为 12×12）。

2010 年，Raytrix 宣布了世界上第一台商用全光摄像机 Raytrix R11。他们的光场相机的第一个版本使用 35mm CCD 传感器（1.07×10^7 像素，9μm 正方形像素大小），每秒记录多达 3.5 张单色图片，具有 40 000 个微透镜，有效分辨率为 3×10^6 像素。R11 尺寸为 8.9cm×7.8cm×10.4cm，重量为 900g，并具有 USB 2.0 接口和 F 型接口，可用于各种镜头。

2012 年由 Ng 创立的 Lytro 公司于 2012 年推出了首个袖珍版的光场相机（具有 1×10^6 像素有效分辨率和 8 倍光学变焦），标志着光场相机的正式诞生（图 5-8）。

图 5-8　袖珍光场相机

德国 Raytrix 光场相机继 Lytro 后诞生，是全球唯一在售的工业级光场相机，其基本构成与 Lytro 光场相机类似，不同之处在于 Raytrix 的微透镜阵列中含有三种不同焦距的微透镜（图 5-9）。Raytrix 公司在售光场相机主要有 R5、R29、R42

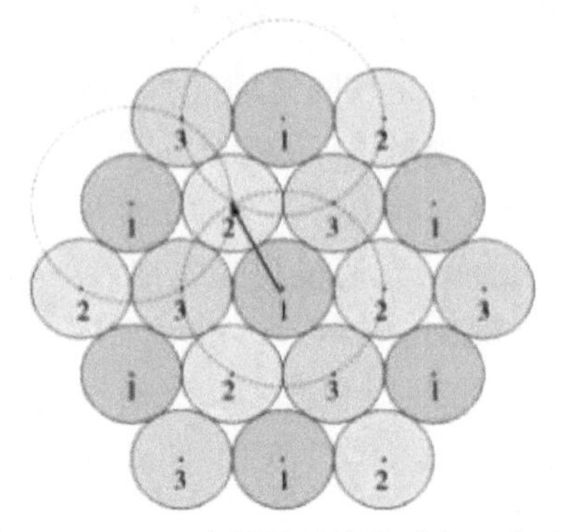

图 5-9　Raytrix 中的微透镜阵列有三种透镜

等，如表5-1中统计的数据，其中R42型号的光场相机可以获得1×10^7像素的子孔径图像。

表5-1　Raytrix公司在售的光场相机参数

参数	R5	R12	R29	R42
传感器像素数（10^6像素）	4	12	29	42
子孔径图像像素数（10^6像素）	1	3	7	10
像素尺寸（μm^2）	5.5	5.5	5.5	1.12
每秒传输帧数（帧/s）	180	60	5.9	7
色彩类型	单色/彩色/近红外光谱	单色/彩色/近红外光谱	单色/彩色/近红外光谱	彩色HDR
微透镜光圈	f/2.4，f/5.6，f/26.0，定制	f/2.4，f5.6，定制	f/7.0	f/2.8

基于微透镜阵列的光场相机获取光场信息的方法，其优点是各成像单元间相对位置及角度关系稳定、系统体积小、可移植性强、相应的数据处理方法及软件成熟，缺点是通过牺牲空间分辨率来获得角度分辨率，在要求高空间分辨率的场合无法满足要求，为解决空间与角度分辨率不可兼备的问题。现阶段基于微透镜阵列的光场设备最好的有效分辨率是由Raytrix发布的R42的1×10^7级像素。本书在其基础上加以改进，有效分辨率可达1×10^8级像素（亿级像素）。

5.5　光场采集范围与全光相机参数

本书所设计的“亿级像素光场相机”（型号：HR120CCX，编号：HS120），（图5-10）。该设备由成像主镜（50mm，300mm镜头）、微透镜（0.35mm镜头）阵列和像面CMOS探测器三部分组成的光场成像系统（图5-11和图5-12）。

光场相机的基本光学配置都是由一个摄影主镜头，一个微透镜阵列和像素间隔较小的光学图像传感器组成。本书的方案为主镜头将目标物体聚焦在微透镜阵列表面上，位于主镜头像平面的微透镜将光线按照不同的方向角分散在传感器上，得到一个聚焦的主镜头光阑的图像。

在硬件方面，“亿级全光相机”传感器参数为：采用卷帘的快门方式，像元尺寸达到$2.2\mu m\times2.2\mu m$。波长范围为350～1150nm，分辨率可达1.2×10^8级（13 280像素×9184像素）。

图 5-10　亿级像素光场相机

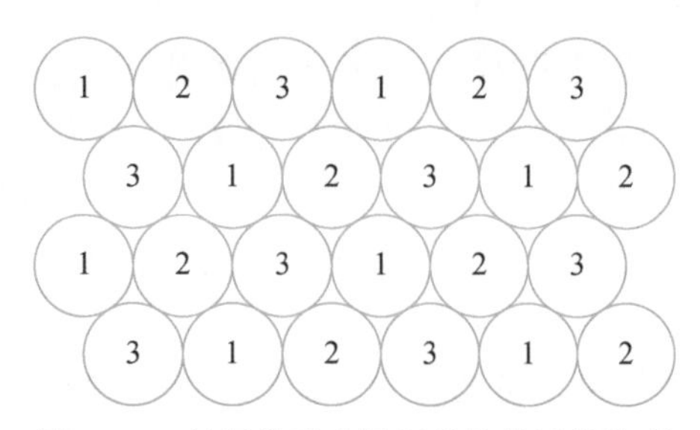

图 5-11　亿级像素光场相机的微透镜阵列

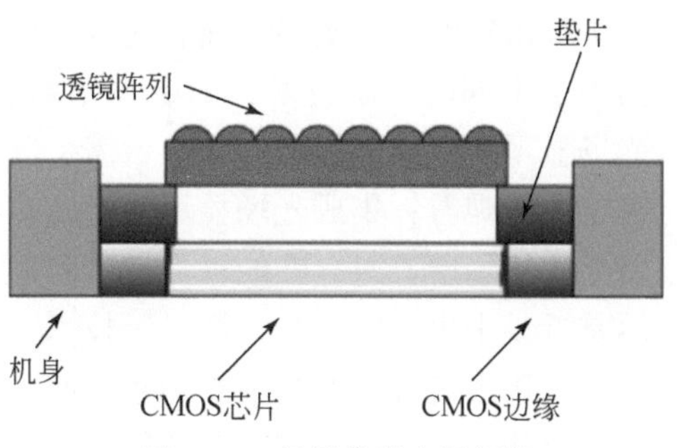

图 5-12　亿级像素光场相机

现行绝大部分全光相机的工作距离在几米到十几米，本书设计的亿级光场相机采用长基线、大透镜等方式，将观测距离拓展到了几百米。在软件层面上，由于目前的光场相机，主要集中在近距离的识别，远距离情况下，为了实现同样的精度，作者对基于“亿级全光相机”的算法提出了更高的要求。根据目前的使用范围，当使用 300mm 镜头时，其工作范围为 23 ~ 600m。其深度分辨率和水平分辨率分别为：当物距为50m 时，深度分辨率为0.35m，水平分辨率为0.39mm；当物距为100m 时，深度分辨率为1.1m，水平分辨率为0.78mm；当物距为200m 时，深度分辨率为4.2m，水平分辨率为1.57mm；当物距为300m 时，深度分辨率为9m，水平分辨率为2.35mm。透镜个数有4721（83×57）个。成片分辨率可达3049（6640×4592）万像素。

5.6 光场相机发展趋势

光场摄影的技术起于20 世纪90 年代，从早期受限于硬件条件的合成光场到现在已经趋于成熟的微透镜阵列；从早期的通过计算机进行图像处理到现在即拍即得，光场摄影在这20 多年的时间里发展迅猛。与传统的成像技术相比，光场成像设备可以采集到四维的光场信息，包括二维的位置信息和二维的方向信息，光场图像可以实现一次成像获取同一场景下的多视角图像，使得其对于场景深度更容易准确获取。有了深度信息，对于重建物体的三维信息、实现多个尺度的可视化、计算出物体的运动轨迹等为许多图像处理的传统问题的解决提供了新途径。目前，基于微透镜阵列的光场成像技术已应用于摄影、医疗、军事、测量等各个领域。

同时随着近些年计算机设备的发展，虚拟现实呈现井喷式的增长，各大高科技公司纷纷加入，市场的期望为虚拟现实相关的各个行业提供了广阔的发展机遇。光场显示技术由于其独特的成像方式，可以提供更逼真的显示效果和更直观的用户体验，也加入到虚拟现实的大浪潮中。随着光场相机不同阶段的发展，在增强现实中，光场也出现了不同的显示技术，如层叠光场显示、快门光场显示、集成光场显示、矢量光场显示等方式。层叠光场显示需要佩戴头盔进行观看；快门光场显示需要固定特定位置观看；集成光场显示通过微透镜阵列构造出空间三维体，消除了双目视差立体显示所普遍存在的视觉疲劳问题，但是也降低了图像分辨率；矢量光场显示是近年来出现的裸眼光场显示技术，用光波导来控制像素的发光方向和发散角度，利用带有方向的光束来构建空间三维物体，因为其模拟三维物体发出的光线，所以像素尺寸和光束发散角度要足够小，才能使发出的光束近似等同于光线。但是矢量光场显示对纳米级的制作工艺有很高的要求，随着制造工艺的不断进步，矢量光场显示是有望实现多人裸眼观看、可视角度大、计算资源低的光场显示技术。

光场摄影现在还处于不断完善的阶段，由于多方面的限制，比如研发的时间短，硬件十分有限，所以相比常规的数码相机在图像解析力等方面还是比较落后的。在未来的时间里，随着越来越多的研发人员的不断研究尝试以及电子感光元件的不断升级，光场摄影会取得更大的进步。

现有光场相机阵列数量庞大、单体全光相机有效分辨率不足，这些都制约了光场相机的应用。我们在已有 40M-6M-2M 像素系列单体全光相机的基础上，研发了内嵌式 1.2 亿级像素的全光单体相机，解决了亿级像素全光相机中透镜阵列、光路结构和集成控制等关键技术问题。针对远距离场景的目标，光场采集和光场采集相机阵列体积大、移动难、控制复杂等问题，可以采用基于亿级像素单体光场相机的混合阵列，将相机从上百个降到 10 个左右。以 1.2 亿级单体全光相机为基本构成要件，例如“9+4”（9 台亿级全光相机+4 台普通相机）和“8+3”（8 台亿级全光+4 台普通相机）等不同应用模式的混合光场阵列；由于光场相机和普通相机在原理上有较大差异，因此其结构设计与控制需要分别考虑到二者的固有特点。首先，由于普通相机不具有采集光线方向的能力，因此需要将光场相机在整体设计结构中进行均匀分布，从而最大化光场的采集范围，最小化不同位置的光线密度差，同时也使得各方向的数据具有一致性，更有利于后期数据融合算法的实现；普通相机主要起连接作用，因此在每 4 个光场相机中设置一台，可以最小化普通相机的用量，有效降低整体系统的复杂度。其次，由于两种相机的分辨率、接口和结构存在一定差异，因此需要设计一种多接口兼容的集成控制方案，保证所有相机采集和传输的同步性，基于亿级全光相机和普通相机的光场混合阵列的同步性、实时性和便携性等将有进一步的提高。但是，多台亿级单体光场相机和普通相机的结构工装与集成控制、光场采集混合阵列的时空参考高精度组合检校、基于普通影像连接和光线特征的大幅面光场重建方法等技术也需要突破来支撑这种集成方法。

参考文献

方璐，戴琼海. 2020. 计算光场成像. 光学学报，40（1）：9-30.

刘美月. 2019. 基于 4D 光场图像的深度估计. 大连：大连理工大学.

谭祺瑞，路海明，卢增祥，等. 2018. 基于空间三维物体重构的光场显示技术综述. 清华大学学报（自然科学版），58（9）：773-780.

许春涛. 2019. 基于微透镜阵列的光场成像技术研究. 成都：电子科技大学.

虞晶怡. 2016-07-08. 光场 VR 研究处起步阶段 我国有望抢占领先地位. 中国电子报，第 4 版.

周志良. 2012. 光场成像技术研究. 合肥：中国科学技术大学.

Isaksen A，McMillan L，Gortler S J. 2000. Dynamically reparameterized light fields. Proceedings of 27th annual conference on Computer Graphics and interactive techniques. New York：ACM Press/Addison-Wesley Publish Co.

Ives F. 1902-9-25. Parallax，sterogram and process of making same. US1902124849A.

Levoy M，Hanrahan P. 1996. Light field rendering. Proceedings of the 23rd annual conference on Computer Graphics and interactive techniques. New York：ACM Press.

Liang C K, Liu G, Chen H. 2008. Light Field Acquisition using Programmable Aperture Camera. San Antonio: IEEE International Conference on Image Processing IEEE.

Liang C K. 2008. Programmable aperture photography: multiplexed light field acquisition. ACM Transactions on Graphics, 27 (3): 55-64.

Ng R, Levoy M, Bredif M, et al. 2005. Light field photography with a hand-held camera. Tech Rep CSTR: Stanford Computer Science Tech Report CSTR, (2): 1-11.

Vaish V, Wiburn B, Joshi N, et al. 2004. Using plane-parallax for calibrating dense camera arrays. Washington D C: Proceedings of computer vision and pattern recognition.

Veeraraghavan A, Rashkar R, Agrawal A, et al. 2007. Dappled Photography: Mask Enhanced Cameras for Heterodyned Light Fields and Coded Aperture Refocusing ACM Transactions on Graphics 26 (3): 69-78.

Veeraraghavan A, Rashkar R, Agrawal A, et al. 2007. Dappled Photography: Mask Enhanced Cameras for Heterodyned Light Fields and Coded Aperture Refocusing. ACM Transactions on Graphics, 26 (3): 69-82.

Wilburn B, Joshi N, Vaish V, et al. 2005. High performance imaging using large camera arrays. ACM Transactions on Graphics, 24 (3): 765-776.

Yang J C S. 2000. A light field camera for image based rendering. Boston: Massachusetts Insitute of Technology, Department of Electrical Engineering and Computer Science.

第6章 光场相机的应用

在前面几章介绍了光场的发展历程、重聚焦、深度检测等主要技术方法之后，本章主要介绍如何应用光场技术。光场的两个主要应用方向是光场拍摄和光场显示。光场拍摄需要记录下来光辐射的完整分布，光场显示则需要将这些信息完整地复现出来，二者的结合即为光场成像。光场概念自提出以来，研究和应用受技术条件的限制，并未一直处于焦点和热点的位置；国内对光场成像技术的研究也起步较晚，主要在光场渲染、光场成像模式、光场初步应用上开展了一些研究，也出现了如利用穹顶式光场采集设备对人物等进行光场建模的尝试。但成型的光场相机目前还不能产品化，由于光场相机的检校、重聚焦、建模等后处理方法与软件的缺乏，光场成像技术的应用没有得到深度挖掘。

6.1 数字重聚焦应用

本节主要是针对光场相机所拍摄的光场图像，利用光场图像具有先拍照后聚焦的计算成像特性，可以获取场景中的全景深图像，即为全聚焦图像，利用全聚焦图像做后续处理、应用和分析，可以避免传统成像技术由于景深限制所带来的一系列问题，比如无人机图像不同高度物体的失焦问题，安防摄像头场景中的人脸识别问题等，下面将通过介绍和仿真理想结果说明全聚焦图像在实际生活生产中的应用。

6.1.1 无人机影像拍摄

目前，随着科技的进步，无人机的使用范围越来越广，无论大型无人机还是小型无人机其主要用途是空中拍摄图像。轻小型的无人机在世界范围内呈现出一种阶跃式的发展，国内外都有很多具有代表性的无人机生产商，比如 Parrot、AscTec、大疆以及零度智控等公司。小型的无人机具有其独特的优势，比如高机动灵活性、体积小、可以低空拍摄、分辨率比较高，最主要的优势是其分辨率比较高，可以有效的避免传统的遥感影像的低分辨率特性，但是，无人机影像也会存在一些图像模糊的问题，常见的可能因素有：光照对比度、大气问题、机身的震动、飞机的飞行姿态变化以及对焦不准造成的失焦问题，本书中的算法可以应用于无人机的质量退化影像中，具体的无人机影像退化如图 6-1 所示。

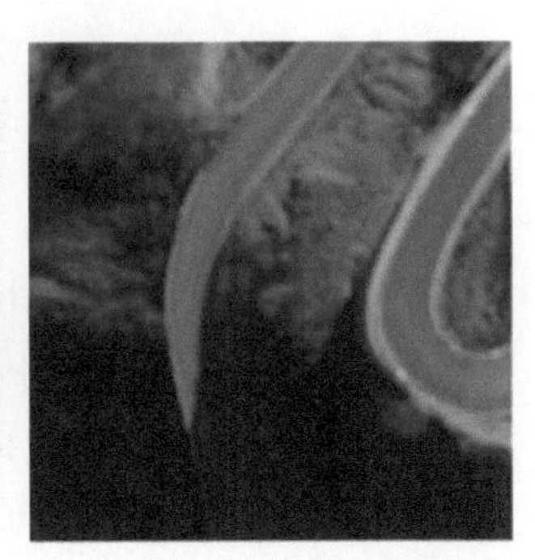

图 6-1　无人机失焦影像

资料来源：魏铼等，2017

上述中所说的几种常见的可能造成无人机影像模糊的因素中，可以分为两类：分别为运动模糊及失焦模糊两种。失焦模糊即为拍摄过程中没有完美对焦造成的模糊现象，失焦模糊一般是多向性的，即图像中每个像素的位移方向根据其焦点呈圆形收缩或放射的方向。而本书的全聚焦算法可应用于无人机影像拍摄中，但是其前提是光场相机需搭载在无人机机身上作为图像采集和存储的成像设备。如果将光场相机搭载在无人机机身上作为图像采集设备，可以将无人机所拍摄的影像，利用光场重聚焦算法生成聚焦在不同高度的照片，然后利用基于双深度线索融合的方法提取全聚焦高质量的无人机影像图，这样就可以避免由于对焦问题造成的部分场景由于高度不一致造成的模糊现象，如对焦在地面，则建筑物顶可能不清楚，对焦在建筑物房顶，可能造成地面或者较低建筑物成像不清楚的现象。

6.1.2　人脸识别安防

人脸识别技术是一种基于人类脸部特征的生物识别技术，人脸识别技术作为人类最具有代表性的科技之一，具有非常广泛的应用前景。人脸识别的蓬勃发展源于需求提升，依赖技术的进步，由于高清摄像、录像设备的普及，比如手机的普及，高清晰度的前后置摄像头为图像处理带来了机遇。其中更重要的是监控设备的普及，其涉及公众安全、社会治安等问题。随着社会对治安的要求日益增高，大街小巷出现了高清监控摄像头，人脸识别技术无疑是治安提升中的关键一步。但是传统的摄像头，在拍摄图像时会存在一定的景深问题，造成场景中的人脸无法全部识别，这无疑为治安提升增加了难度和隐患，如果摄像设备采用光场相机，我们可以利用光场重聚焦技术获得场景的焦点堆栈，然后获取场景全景深图像，在全景深图像中检测人脸，可以提取场景中更多准确的人脸信息，为安防增加一份保障。具体的人脸失焦现象如图 6-2 所示。

图 6-2　场景人脸失焦图

资料来源：Ng et al.，2005

上述人脸失焦图中所能检测到的人脸如图 6-3 中的红框所示。

由本书多线索融合方法能提取此场景中的全聚焦图像，其全聚焦图像和人脸检测具体结果如图 6-4 所示。

除了利用光场相机一次采集按需成像的特点外，还可以应用光场相机一次成像能够同时记录纹理、深度和角度信息的特点，通过建立人脸的三维模型来进行人脸识别，有可能解决摄像角度带来的人脸误识别或识别失败的问题（图 6-5）。

图 6-3　失焦人脸检测结果

资料来源：Ng et al., 2005

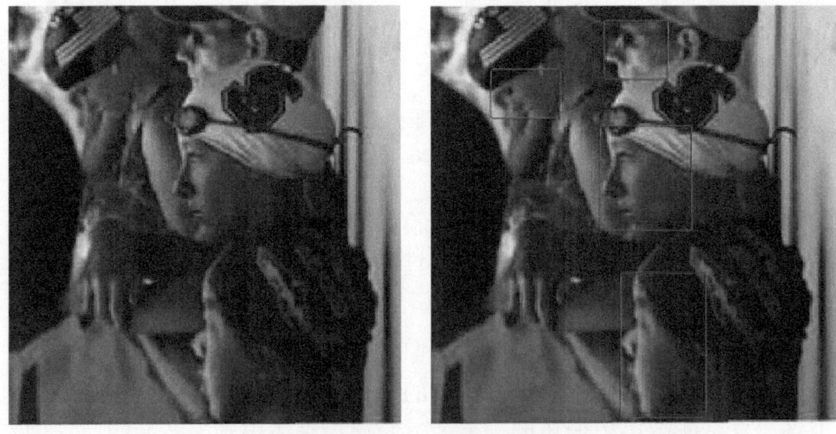

图 6-4　场景人脸全聚焦图像

资料来源：Ng et al., 2005

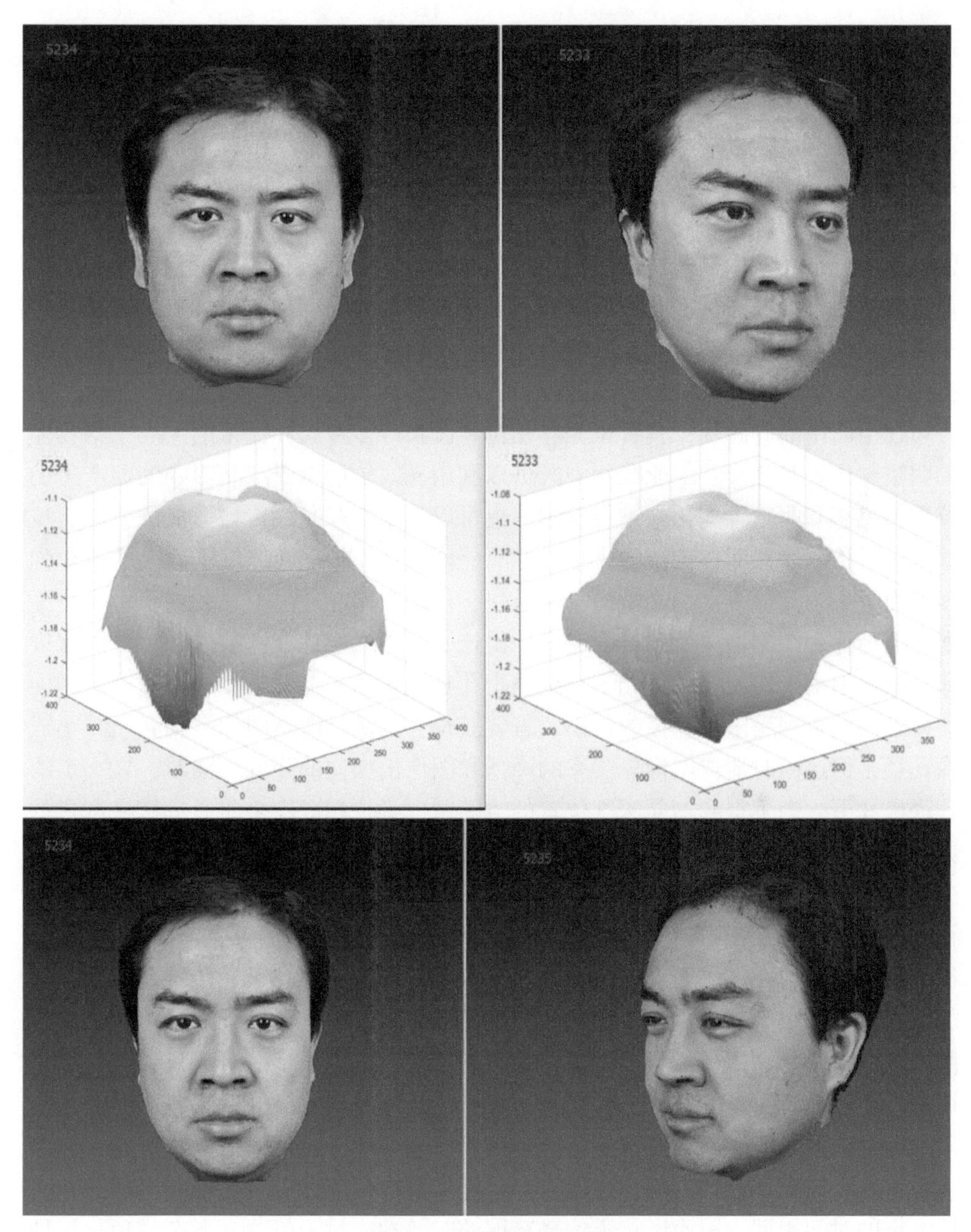

图 6-5 人脸多视角识别

利用光场相机的重聚焦和三维重建功能可以实现一次拍摄，同时进行场景不同深度处、不同角度的多人的人脸检测，可以应用于基于光场成像技术的监控摄像头中，进行场景中的安防监控，辅助社会治安工作。

6.2 精密工业检测

精密工业检测特别是非接触式的自动检测一直是机器视觉系统最常见的应用领域之一。通过机器视觉系统自动对产品进行精密检测，可以提高生产的柔性和自动化程度。特别是在一些不适合人工作业的危险工作环境或人工视觉难以满足要求的场合，经常用机器视觉来替代人工视觉。当然，通过人工视觉检查产品质量一般需要辅助工作从而导致成本高、效率低且培养周期长；用机器视觉检测方法可以大大提高生产效率和生产的自动化程度。在现代自动化生产过程中，人们将机器视觉系统广泛地用于工况监视、成品检验和质量控制等领域。光作为一种分布在空间中的电磁场，具有振幅、相位、波长等多种属性，帮助人类感知物体的明暗、位置和色彩。工业检测中既可以利用光线传播中受产品影响的而产生的纹理、色彩和明暗等变化来进行检测，也可以利用追踪光线传播形成的形状、位移来进行检测。然而，传统的光学成像只能捕获到光辐射在二维平面上的投影强度，而丢失了其他维度的光学信息。首先，传统成像在理论上只能获得单个物平面的清晰像。探测器单元的有限宽度使得这一清晰成像的范围扩展到一定的深度即景深，但由于传统成像将光学系统整个孔径发出的光辐射直接进行积分，因而使得景深的范围受限于孔径的大小。若要获得大景深的清晰图像，则必须减小成像孔径，但这同时造成图像分辨率的降低和图像信噪比的降低。同时，在一定的孔径尺寸下，为了得到不同深度位置的清晰像，必须在成像之前通过机械调焦的方式来对准到相应的深度，而机械调焦的过程往往影响了成像的实时性，即时间分辨率。其次，实际的光学系统都是非理想成像系统，光辐射经过透镜时并不能得到理想的相位变换，并且在透镜的不同位置上光辐射的相位变换误差也不一样。此时光辐射在像平面上的叠加就会导致几何像差的存在。在传统成像中，只能依靠光学系统的物理优化来控制几何像差的影响，而光学系统的设计和加工难度随着其口径的增大呈指数增长，这就限制了现有成像系统的最大口径，所以采用多台相机或者滑动的方式来合成大的虚拟孔径成为其解决这一问题的办法。最后，传统成像只能感知单个像平面的强度信息，若要获得目标的三维形态或光谱特性，则只能采用推扫或凝视成像的方式进行多次扫描曝光。扫描的过程往往需要一定的时间周期，因而影响了信息获取的时效性，对于位置、形态或理化属性处于快速变化中的物体无法进行探测。

传统成像作为一种“所见即所得”的探测形式，其图像的主要性能取决于光学系统的物理指标，而后续的图像数据处理往往只起到锦上添花的作用。实际上，成像过程本身就可以看作为一系列针对光辐射的数学计算，如相位变换和投影积分等。如果能够获取到光辐射的完整分布，也就可以通过变换和积分等数据处理的手段来计算出所需的图像。光场成像指的就是采集光辐射的均分布以及将其处理为图像的过程。利用光场成像体现出的优势可以体现在以下 3 方面。

1）任一深度位置的图像都可以通过对光场的积分来获得，因而无需机械调焦，同时也解决了景深受孔径尺寸的限制。

2）在积分成像之前对光辐射的相位误差进行校正，能够消除几何像差的影响。

3）从多维度的光辐射信息中能够实时计算出目标的三维形态或提取出其光谱图像数据。

光场成像作为一种计算成像的方法，利用现代信息处理技术的优势，不仅克服了传统成像在原理上的某些局限性，同时也降低了成像能力对于物理器件性能的依赖性。利用光场理论进行三维测量的方法较其他方法优势明显。光场数据包含整个场景中的所有光线的位置和方向信息；聚焦是一个计算的过程，可以在曝光之后对未对焦的平面重聚焦；在不超过最大合成孔径的前提下，孔径大小可以进行调节，只需要在计算过程中使用不同的窗口函数，因而景深可调；计算过程对多幅图像进行综合化处理，信噪比大大提高；得到光场图像之后，只需直接对光场图像进行处理、分析，即可进行三维测量。该方法系统简单，测量原理清晰易懂，且过程中无机械部件运动，精确度可靠，适用范围广泛（图 6-6）。

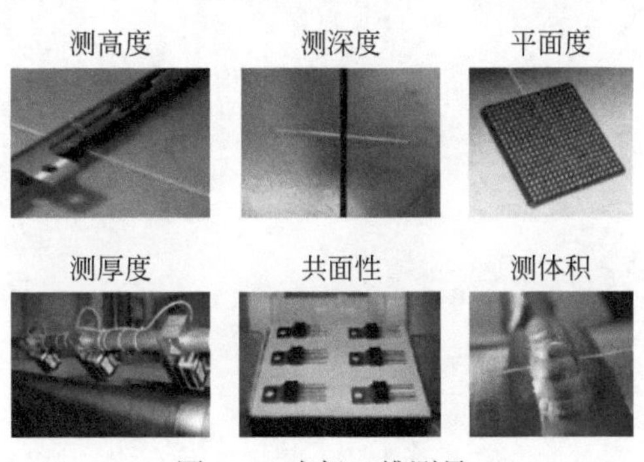

图 6-6　光场三维测量

光场重聚焦是通过对光场数据进行光线位置和方向的再计算得到的，因此需要对光场数据进行快速而准确的处理。经过重聚焦变换的光场数据是由光“场”变换到光“面”的过程，即使严密的重聚焦算法，也无法避免出现光线能量的损失和偏移，因此需要图像处理的方法进行弥补。然而，要对不同形状、不同大小的零部件在线检测，必然对检测方法和处理速度有很高的要求。光场技术是将图像处理、计算机图形学、模式识别、计算机技术、人工智能等众多学科高度集成和有机结合而形成的一门综合性的技术。利用已有的图像处理方法，发挥 4D

光场技术的高维度数据优势，可以解决零部件在线检测的问题。如光场在某产品中的划痕检测等（图 6-7 ~ 图 6-9）。

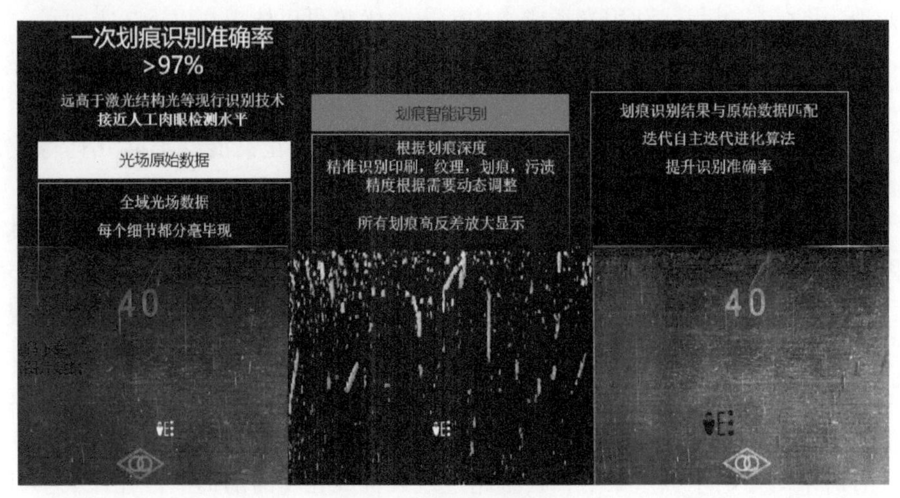

图 6-7　光场划痕检测

图 6-8　柔性表面结构检测

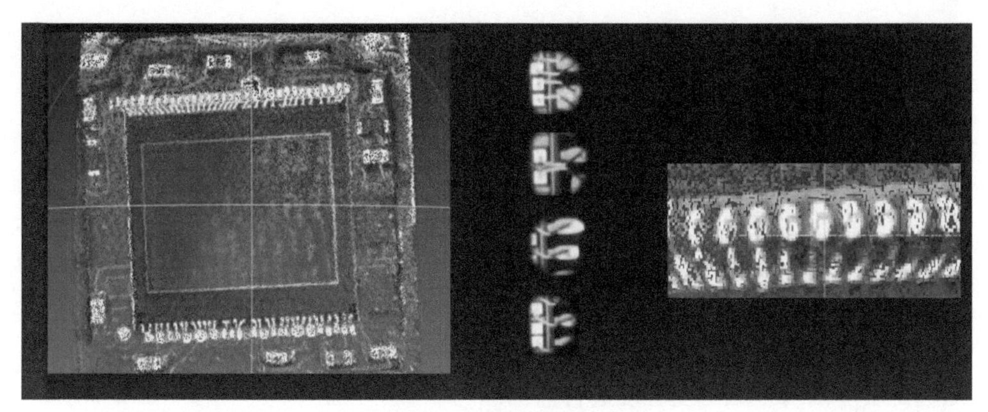

图 6-9　传感器检测

一个典型的光场相机工业检测系统一般由照明部分、图像获取部分、图像显示部分和图像处理部分等模块组成（图 6-10）。一般采用光场相机获取光场图像信号，再对图像数字信号进行处理，从而得到所需要的各种目标图像特征值、深度值等，并由此实现模式识别、坐标计算、灰度分布图等多种功能。然后再根据其结果显示图像、输出数据、发出指令，配合执行机构完成位置调整、好坏筛选、数据统计等自动化流程。

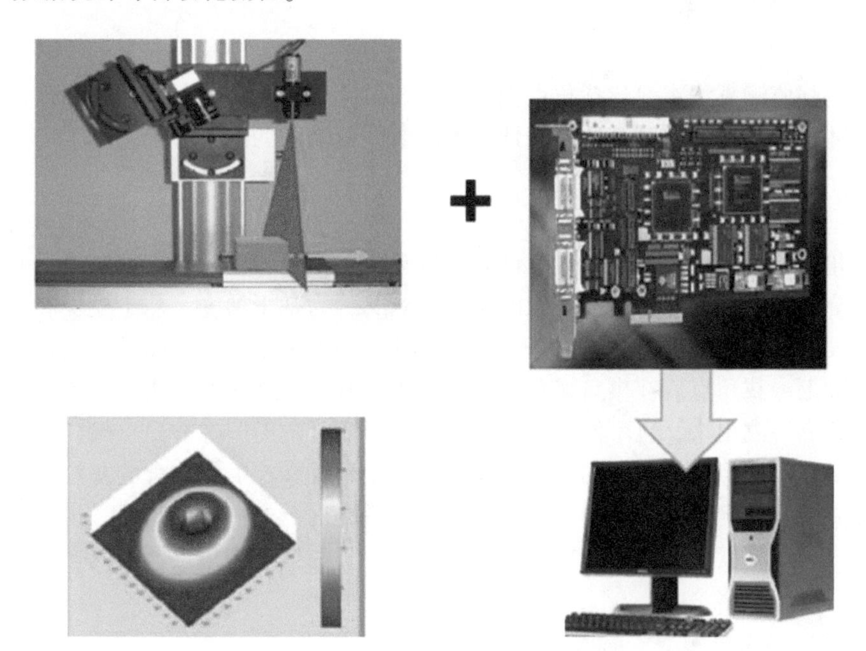

图 6-10　光场工业检测系统示意图

6.3 位移监测

监测各种不同地理和人工对象的水平位移是很多行业的常见应用。在地理领域，使用GPS观测桩和近景测量是两个常见的方法。应用近景摄影测量方法监测地表形变时，需要按照垂直于监测仪器呈直线排列的方式布设监测点，各监测点之间存在几米至几十米不等的深度差距，但由于传统相机景深有限，每监测一个监测点都需要重新对焦，不仅增加了数据处理量，而且对焦的过程有可能改变相机的物理参数，影响监测效果。本书将介绍使用聚焦型光场相机代替传统相机，通过配套算法对地表形变程度进行监测。

聚焦型光场相机拍摄图像具有一个显著特点：它可以“先拍照，后对焦”，使用聚焦型光场相机监测地表形变程度时，仅需要采集一次图像数据，即可一次性解算出每个监测点的位移。一般过程是，利用棋盘格可以定位到亚像素级位置的特点，结合多个靶标角点识别方法，确定每个靶标点位置，进行移动靶标前后图像位移的计算，再通过空间分辨率计算公式计算得到真实空间的位移，并且与移动距离进行对比，分析精度。

6.3.1 算法设计

位移监测算法主要包括角点检测算法与位移监测算法，角点检测用来确定监测点的位置，位移监测算法用来计算不同时间监测点的位置变化。

6.3.1.1 角点检测算法设计

角点检测算法多种多样，在计算机视觉中，常见的有基于灰度图像、基于边缘轮廓线等方法。基于灰度图像的角点检测又分为基于梯度、基于模板和基于模板梯度相结合的三种方法。而基于轮廓线的方法通常是先检测图像中的轮廓，再在轮廓上寻找角点。在棋盘格角点的检测中，基于轮廓线的方法会将不属于棋盘格的角点检测出来，且不便于分类，因此选择基于灰度图像的角点检测方法。考虑到棋盘格图像具有特殊的结构，使用了基于模板和梯度相结合的灰度图像角点检测方法。先定义多个方向的棋盘格模板，解算出一个初始的位置；再根据梯度信息进行亚像素细化；最后根据检测到的待分类的棋盘格角点，沿四个方向恢复出每一个棋盘格。

(1) 角点检测

基于模板的角点检测算法的具体流程如图6-11所示。

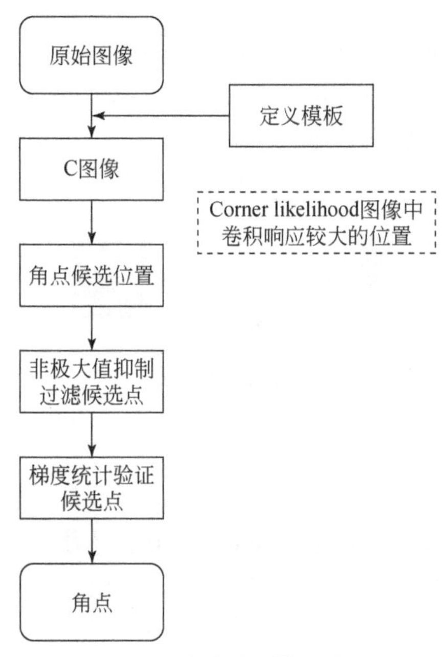

图 6-11　角点检测算法流程

首先，利用渲染得到的全聚焦图像作为原始图像与定义的棋盘格角点模板进行卷积运算得到候选角点（Corner likelihood）图像。定义了四个方向的卷积核模板，计算图像中每个像素的角似然性。四个卷积核 A、B、C、D 分别如图 6-12 所示。其中第一种类型的四个卷积核应用在平行于坐标轴的角点，第二种类型为第一种的四个卷积核进行 45°旋转得到，应用于旋转后的角点。这两种类型的模板可以应用于由透视变换引起的较大范围的形变的角点。

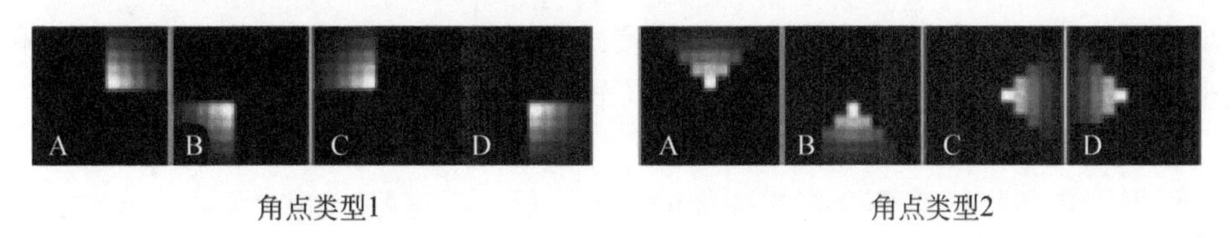

图 6-12　旋转前后的四个卷积核模板

通过定义的卷积核模板与原始图像进行卷积运算获得角似然性值 c，为

$$c=\max(s_1^1, s_2^1, s_1^2, s_2^2) \tag{6-1}$$

其中：

$$s_1^i=\min[\min(f_A^i, f_B^i)-\mu, \mu-\min(f_C^i, f_D^i)] \tag{6-2}$$

$$s_2^i=\min[\mu-\min(f_A^i, f_B^i), \min(f_C^i, f_D^i)-\mu] \tag{6-3}$$

$$\mu=0.25(f_A^i+f_B^i+f_C^i+f_D^i) \tag{6-4}$$

式中，f_A^i表示卷积核 A 和原始图像中某个像素点的卷积响应。将 A、B、C、D 4 个卷积核均响应较大的点作为候选点，剔除只响应部分卷积核的点。s_1^i 和s_2^i表示图像中可能出现的两种棋盘格角点的形态，如图 6-13 所示。两种角点类型的黑白格的组合方式不同，分别为左下右上对角线为白格和左上右下对角线为白格。

图 6-13　两种方向的棋盘格角点

其次，应用非极大值抑制方法过滤掉对边缘梯度具有低响应度的角点。非极大值抑制算法（non-maximum supperession，NMS）本质是搜索局部极大值，抑制非极大值元素，在物体检测中主要用于消除多余重复窗口，检测物体的最佳位置。由于角似然性结果可能导致在一个角点周围出现多个疑似点均具有强响应，因此需要利用 NMS 算法剔除多余点，只保留最佳位置点。

最后，在候选点局部 $n\times n$ 个像素的领域内进行梯度统计来验证候选点，使用 Sobel 滤波器得到一个加权方向直方图。将对于期望的梯度强度与 C 图像所得的乘积作为候选点得分，利用阈值进行判断，最后输出确定的候选点。

（2）亚像素细化

棋盘格靶标具有边界区分明显的特点，可以在沿边缘方向进行亚像素细化，主要进行了位置和方向两个方面的角点亚像素细化。首先在候选角周围 11 像素×11 像素邻域的像素内，根据梯度大小自动加权所得结果实现了位置细化，其次最小化图像梯度和它们的法线方向的偏差，即梯度方向和法线方向是垂直的，由此来进行方向细化，得到角点的亚像素位置。

（3）棋盘格结构恢复

根据聚焦型光场渲染全聚焦图像的特点，同一深度平面的对象在全聚焦图像中应具有相同的空间分辨率，因此通过检测到的角点，可以将属于同一个棋盘的角点连接起来，恢复每一个完整的棋盘格图像。

如图 6-14 所示，给定一个种子角点，沿着它的边缘 4 个方向寻找离它最近的角点，直到所有方向都没有角点可以连接。通过最小化能量函数可以将属于同一个棋盘格的角点候选点归类，得到对应的坐标与棋盘格每个点的位置映射。

为了恢复单个图像中的多个棋盘格，我们将图像中的每个角点作为种子点重复上述棋盘格生长过程，产生一组重叠的棋盘格。利用最小化能量函数剔除重复

图 6-14　棋盘格生长方式

的角点，只保留最小化能量函数值最高的候选点，最终将保留点按棋盘格排列方式输出。值得注意的是，该算法要求在拍摄原始图像时各靶标无遮挡、容易分辨。

6.3.1.2　位移监测算法设计

形变监测实际上是图像中监测点坐标的位移计算。计算出待测点位置坐标后，通过拟合到一个点或同位置逐点对比，比较变化前与变化后的坐标并计算其图上位移，再通过空间分辨率计算映射到真实空间的移动距离。图像中包括 x、y 两个方向的位移，即靶标的水平位移和竖直位移。

(1) 位移计算

对于两幅待比较的图像，每个靶标的位移计算方法有两种：第一种是将每个棋盘格靶标中的所有角点坐标进行平均拟合为该靶标的位置坐标，然后计算两幅图每个靶标 x，y 坐标的位移；第二种是对于每个靶标将其中的每一个角点与另一幅图像中同一靶标的同一位置角点进行位移计算，然后拟合所有点的位移作为靶标的位移。假设某一靶标为 5×6 的棋盘格，为直观显示位移的计算方法，将位置移动前后的两幅图重叠后选取一个靶标，其角点位置如图 6-15 所示。图中蓝色点代表移动前、红色点代表移动后靶标中的所有角点位置。

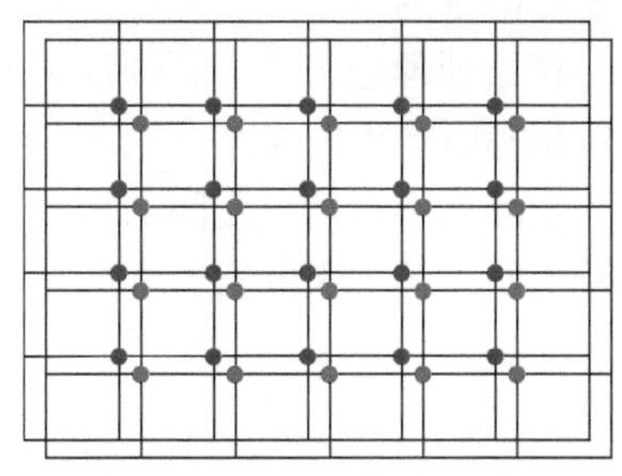

图 6-15　同一靶标在两张图像中的角点位置

第一种方法求位移是将所有点的 x 坐标和 y 坐标分别平均得到拟合点（X_1，Y_1）和（X_2，Y_2），则位移公式为

$$\Delta X = X_2 - X_1, \Delta Y = Y_2 - Y_1 \tag{6-5}$$

第二种方法的位移计算公式为

$$\Delta X = X_{后} - X_{前}，\Delta Y = Y_{后} - Y_{前} \tag{6-6}$$

其中：

$$X_{前} = \begin{bmatrix} x_{11} & x_{12} & x_{13} & x_{14} \\ x_{21} & x_{22} & x_{23} & x_{24} \\ x_{31} & x_{32} & x_{33} & x_{34} \\ x_{41} & x_{42} & x_{43} & x_{44} \end{bmatrix} \tag{6-7}$$

$$Y_{前} = \begin{bmatrix} y_{11} & y_{12} & y_{13} & y_{14} \\ y_{21} & y_{22} & y_{23} & y_{24} \\ y_{31} & y_{32} & y_{33} & y_{34} \\ y_{41} & y_{42} & y_{43} & y_{44} \end{bmatrix} \tag{6-8}$$

$$X_{后} = \begin{bmatrix} x_{11} & x_{12} & x_{13} & x_{14} \\ x_{21} & x_{22} & x_{23} & x_{24} \\ x_{31} & x_{32} & x_{33} & x_{34} \\ x_{41} & x_{42} & x_{43} & x_{44} \end{bmatrix} \tag{6-9}$$

$$Y_{后} = \begin{bmatrix} y_{11} & y_{12} & y_{13} & y_{14} \\ y_{21} & y_{22} & y_{23} & y_{24} \\ y_{31} & y_{32} & y_{33} & y_{34} \\ y_{41} & y_{42} & y_{43} & y_{44} \end{bmatrix} \tag{6-10}$$

式中，x_{ij}，y_{ij}（$i=1，2，3，4，j=1，2，3，4$）为角点横纵坐标。

结果为同名点位移的矩阵，再将矩阵中的位移拟合得到该靶标位移。

由于所有红点或所有蓝点的排列方式均按照棋盘格的标准排列方式且相邻点的水平或竖直的距离相等。在这种理想条件下两种计算方法理论上应获得相同的结果，但不排除畸变与细化坐标时产生的误差，因此可能具有不同的结果。当成像过程中发生畸变时，同一靶标上不同角点之间的相对位置会发生变化，导致逐点比较的精度与拟合点比较不同。接下来的实验中会具体讨论两种位移计算方式的误差。

(2) 空间分辨率映射

在遥感中，空间分辨率是指在图像中能分辨的最小单元的尺寸，即一个像素所代表地物的实际距离。在摄影中，距离越近被拍摄的物体在图像中越大，空间分辨率也越高，相反，距离摄影机越远，空间分辨率越低。在本书研究中，已知靶标的尺寸，通过上述方法可以求得角点的坐标，可以通过图上距离与实际距离的映射关系求出空间分辨率，从而计算出真实位移。

空间分辨率=地物的实际距离/图像中所占的像素数。因此，可以通过上述角点检测的坐标结果求得。如一个棋盘格靶标中相邻的两个角点 $A(x_a, y_a)$、$B(x_b, y_b)$，可以求得 AB 间距为 $\sqrt{(x_a-x_b)^2+(y_a-y_b)^2}$，若棋盘格单元间距为 g，则此时的空间分辨率为 $g/\sqrt{(x_a-x_b)^2+(y_a-y_b)^2}$。

6.3.2 实验设计与结果分析

6.3.2.1 实验设计

(1) 拍摄方法

所需设备为亿级像素聚焦型光场相机 HR120CCX、光场相机移动电源、移动主机与数据传输线、激光测距仪、靶标点和三脚架、佳能 5D Mark4 相机。

由于实验场景为远距离拍摄，且靶标在小视角范围内摆放，因此使用 300mm 长焦镜头进行实验；镜头光圈设置为 F8；曝光时间为 500 ~ 1000 毫秒（天气晴朗时），一般按环境的明暗度决定。

具体的拍摄方式为：①拍摄白图像。为避免白图像中出现微透镜边缘粘连的情况，拍摄时将曝光时间调小一些，一般为室外光 300 ~ 500 毫秒（天气晴朗时）。使用白板或白纸置于镜头前进行拍摄。每次实验仅需拍摄一次，相机移动后还需再次拍摄。②分别对焦在每个靶标上进行拍摄。转动相机对焦环进行对焦，在拍摄图像时需要保证目标在相邻三个微透镜中成像清晰。调节曝光时间，调大曝光时间使微透镜图像的边缘尽可能相切，但也要防止过曝现象发生。③将每个靶标向左或右移动一定距离，并记录移动距离。其间保持光场成像系统（包括对焦环位置、曝光时间等参数）保持不变，只移动靶标位置，镜头的对焦距离需与②一致。④分别对焦在每个靶标上进行第二次拍摄。⑤为研究光场相机的工作距离与传统相机的差异，增加一组使用相同镜头的单反相机在同一位置拍摄的对照实验。使用单反相机，对焦在每一个靶标位置分别拍摄。

左右移动靶标是为了模拟地面形变检测中的位移。实际应用中靶标由于地表形变一般是以上下移动为主，实验中改为左右移动，因为其计算方式一样不影响其精度。此外，在实验中不能保证实验场景中的地面发生上下振动而产生位移，为了避免由此产生的误差，利用靶标左右移动进行实验可以剔除因环境产生的误差，提高形变监测实验的误差分析的准确性。

针对不同距离与不同大小靶标的实验与上述拍摄方法一致。虽然光场相机具有事后按需对焦的特点，但在拍摄时还需要一个大致的对焦距离。这是由于光场相机实现全局聚焦图像的根本原因是扩大了景深。在非聚焦模型中，重聚焦是在相机拍摄一张图片的固定的景深范围内选择不同的视点渲染重聚焦图像，由于微透镜阵列中的微透镜焦距一致且不进行聚焦，本质上景深并没有得到扩大；而聚焦模型中景深是由微透镜阵列中不同焦距的微透镜叠加实现的，其原理如图 6-16 所示。

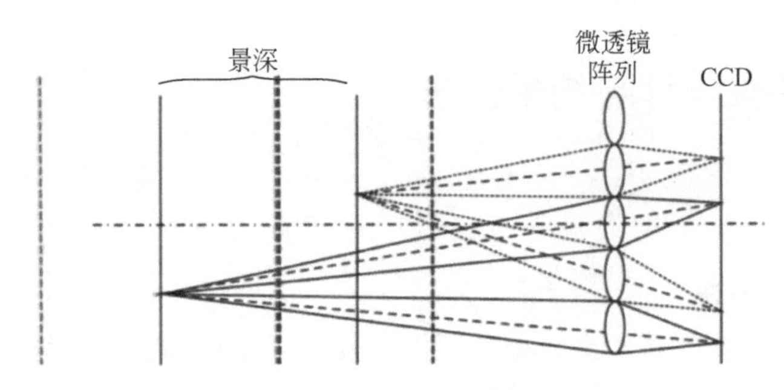

图 6-16　不同焦距微透镜叠加景深

由上图可知，图中的微透镜阵列由两种焦距的微透镜组成，由于微透镜的焦距不同在光场成像系统中的对焦平面也不同，相邻的两个不同微透镜对焦平面存在一定距离。图中的蓝线代表一种焦距微透镜成像的景深范围，红线代表另一种焦距的微透镜，在硬件设计时，要保证这两种微透镜的景深相接，这样才可以有效扩大整个图像的景深。本实验采用的自研相机的三焦距设计原理与之相同，只是将两种微透镜扩展为三种焦距的微透镜。因此，在拍摄数据的过程中还应注意需要使拍摄物体在相邻的三个微透镜中均能清晰成像。

一共设计五组实验用于较近距离与较远距离的精度和工作距离研究。五组实验均使用上述拍摄方法进行光场原始数据的采集，使用佳能 5D Mark4 单反相机进行对照组数据采集。具体实验安排如下。

1）第一组（靶标距离 30 ~ 53.37m）。

一共设置 4 个靶标，与相机距离分别为 30.52m、39.54m、46.53m、53.37m。用于研究较近距离的形变检测精度。为权衡全聚焦图像生成所需纹理信息和角点检测坐标精度要求，使用 7×10 的棋盘格图案作为靶标。对焦在最远距离拍摄图像用于景深研究。

2）第二组（靶标距离 53.37 ~ 90m）。

一共设置 6 个靶标，与相机距离分别为 53.37m、60.65m、65.9m、72.88m、80.17m、87.72m。用于较远距离的形变检测精度研究。由于距离较远，棋盘格图案在数据结果中的占比较小，因此需要选用稍大的靶标图案，以提高角点识别的精度。选择 5×7 棋盘格图案作为靶标。

3）第三组（靶标距离17～74m）。

一共设置5个靶标，与相机距离分别为17.586m、32.689m、47.003m、59.848m、73.427m。使用9×13尺寸的小单元棋盘格图案作为靶标，通过计算出的数据结果来初步确定光场相机用于形变监测的工作特性与距离。与其他组在同距离使用不同大小靶标的实验进行对比，用于研究靶标大小对于形变监测精度的影响。

4）第四组（靶标距离14～30m）。

一共设置5个靶标，与相机距离分别为14.557m、18.637m、21.349m、26.441m、29.118m。用于工作距离研究，且拍摄当天时间为上午10:00，环境光线不均匀，具有旁边树木阴影（较暗）与阳光直射区域（较亮）。计算近距离内的工作距离范围，使用9×13尺寸的小单元棋盘格图案作为靶标。

5）第五组（靶标距离35～101m）。

一共设置6个靶标，与相机距离分别为35.692m、50.285m、64.981m、76.375m、87.204m、100.058m。用于计算100m内的工作距离，拍摄环境与第四组相同，存在光线不均匀的情况。使用9×13尺寸的小单元棋盘格图案作为靶标。

(2) 数据处理

上述五组实验设计，由于拍摄日期与每次拍摄的场景不同，每次采集数据前都需要事先拍摄一个白图像用于标定微透镜中心点位置。因此，每组实验拍摄的光场数据为：①一组白图像。②聚焦在每一个靶标的图像。③使整个光场成像系统（包括相机位置、镜头角度、对焦环位置）保持不变的连续拍摄图像。④移动靶标后，聚焦在每一个靶标的图像。具体的数据处理流程如下。

首先，将采集的光场数据进行处理，渲染全聚焦图像。使用第3章中介绍的全聚焦图像渲染方法，利用白图像和光场原始数据渲染全聚焦图像。每组数据得到的结果（部分）如图6-17所示。其中，第四组和第五组的实验用于研究工作距离范围，没有移动靶标的数据，第一组和第二组的实验用于和单反对照组实验。

其次，将全聚焦图像进行棋盘格角点检测，得到角点坐标与棋盘格归属矩阵。前两组实验的检测结果如图6-18所示。可以看到部分靶标没有检测到，这是由于景深不足以覆盖0～100m的全局距离，但相比较单反相机的景深已经有相当程度的提高。由检测出的角点坐标和棋盘格归属矩阵索引，得到每个靶标的坐标矩阵。

最后，根据求得的棋盘格角点坐标矩阵与求得的空间分辨率的计算位移，将这个位移与实验时记录的位移真实值进行比较，从而分析监测精度。

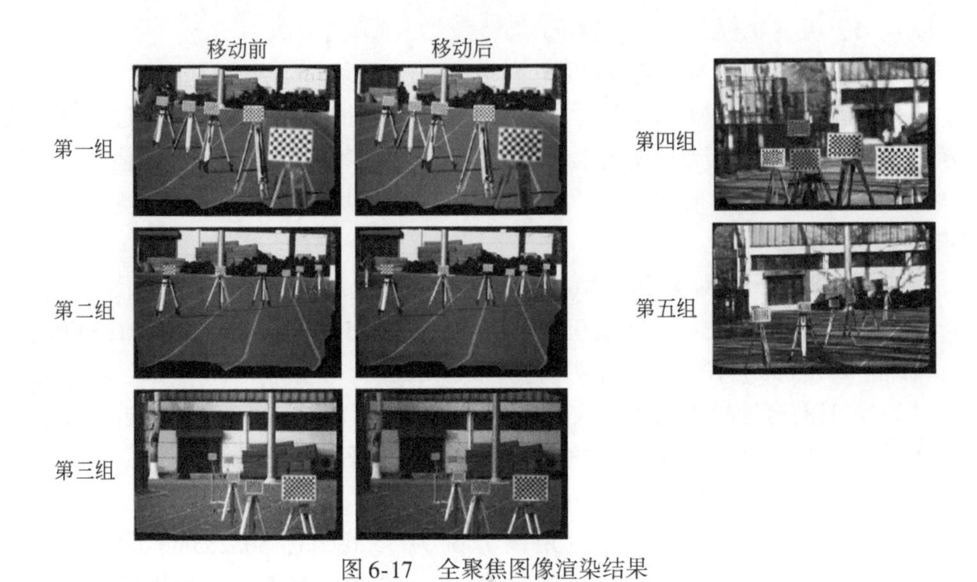

图 6-17　全聚焦图像渲染结果

图 6-18　角点检测结果

6.3.2.2　实验结果与分析

所设计实验主要是为了还原野外场景，对于不同距离的形变监测精度、靶标大小对于形变监测精度的影响以及使用光场相机可扩大的景深范围对于工作距离的作用进行研究。按照上面设计的方案进行实验，按研究内容进行分类，得到的结果如下。

(1) 工作距离与工作环境研究

区别于传统监测方法每次采集数据只能针对一个距离的靶标，监测其他距离的靶标需要重新对焦，利用光场相机进行形变监测主要是为了解决远距离同步监测的问题，因此可以通过是否能识别靶标确定有效的工作距离。以角点检测算法的计算结果作为评价标准，棋盘格能被完整检测出的距离范围视为可以进行形变监测的距离范围。

有效工作距离范围根本上是由相机的景深决定的。景深是指在摄影机镜头或其他成像器前沿能够取得清晰图像的成像所测定的被摄物体前后距离范围，它由镜头焦距 f、光圈值 F、物距 L（即对焦距离）、容许弥散圆直径 δ 决定。景深的计算公式为

$$\text{前景深}:\Delta L_1=\frac{F\delta L^2}{f^2+F\delta L} \tag{6-11}$$

$$\text{后景深}:\Delta L_2=\frac{F\delta L^2}{f^2-F\delta L} \tag{6-12}$$

$$\text{景深}:\Delta L=\Delta L_1+\Delta L_2=\frac{2f^2F\delta L^2}{f^4-F^2\delta^2L^2} \tag{6-13}$$

其中容许弥散圆直径 δ 是透镜成像过程中人眼不能辨别的弥散圆直径，由相机的画幅决定。由公式可知，景深是一个长度范围，由前景深和后景深，即焦平面到前后清晰的最远平面位置距离相加得到。可以推知，当相机镜头对焦在有限远的物体上时，后景深比前景深大。当镜头焦距不变，物距不变的情况下，光圈越大、景深越小，光圈越小、景深越大；当镜头光圈不变，物距不变的情况下，镜头焦距越短、景深越大，焦距越长、景深越小；当镜头光圈不变，焦距不变的情况下，物距越远、景深越大，物距越近、景深越小。

在光场相机中也遵循这个基本规律，同时由于亿级像素聚焦型光场相机中微透镜阵列的三焦距设计的特殊性，在主透镜基础上又通过不同焦距的微透镜组合进一步加大了景深，这也是聚焦型光场可以渲染全聚焦图像的根本原因。但光场相机结构复杂，在应用时的景深难以量化，因此，为了探究光场数据相较于普通相机扩大的景深范围，依据具体的实验结果进行分析。

第三组、第四组、第五组实验是为了对光场相机的工作距离及工作环境进行研究。其中第三组实验是在光线条件较好的情况下拍摄的；第四组、第五组实验是在有阴影的条件下拍摄的，靶标设置在 100m 全局范围内。具体的实验结果如图 6-19 所示（局部放大显示）。

图 6-19 中，左图为第三组实验中后 4 个靶标可识别，右图为前两个靶标可识别。根据靶标距离可知，在最远可识别距离为 73m 时，可以识别的靶标的最近距离在 32m 处。因此，73m 内的有效工作距离可达 40m。右图为第三组实验对焦在第二个靶标的结果，能同时识别的为前两个靶标，即可以在 17 ~ 32m 可以正常工作，最远距离在 25m 处时的景深至少可达到 15m。

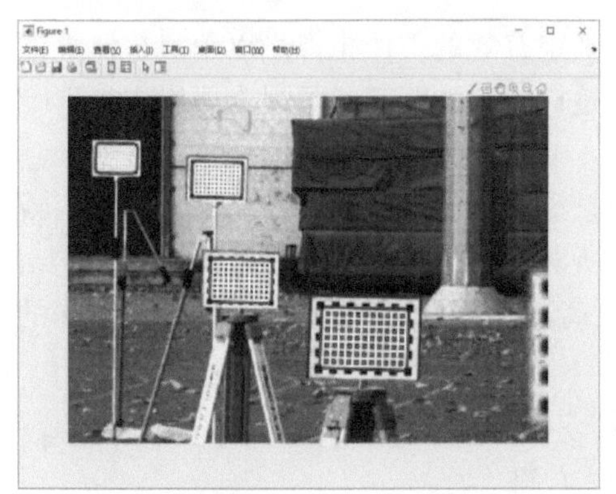

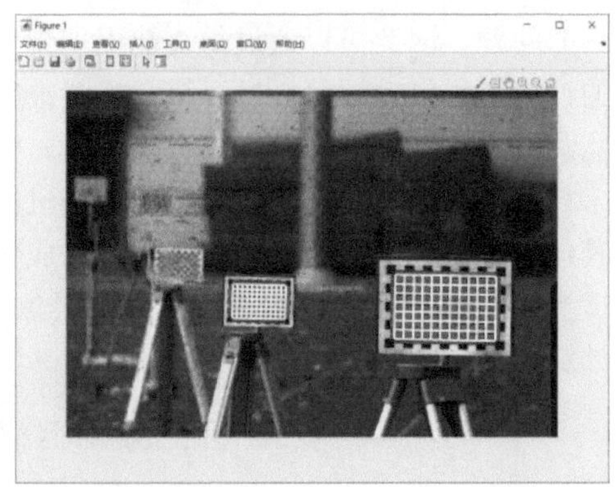

图 6-19　第三组实验结果局部放大图

第四组的靶标设置范围为 14～30m，且全部靶标均可以识别（图 6-20）。因此，最远对焦距离为 30m 时景深至少可达到 16m。而根据景深计算公式可知：物距越大，景深越大。对于图中光线不均匀的区域，角点识别无影响，且图像清晰，因此在近距离范围内光照不影响形变检测。

图 6-20　光照不均匀近距离检测结果

第五组实验设置靶标范围为 35～100m 处，在工作距离范围为 65m 长的大范围形变监测中，根据图 6-20 的结果显示在前 5 个靶标处可以识别，即 35～87m 范围内可以正常工作，在最远对焦距离为 87m 时景深至少可达 52m。100m 处靶标不能完整识别可能跟靶标大小与光照条件有关。调整曝光时间以应对光照不均匀导致的部分靶标难以识别问题，结果如图 6-21 所示。

由上图可知，6 个靶标均可识别，但第 5 个不能识别完整棋盘格。由于第 5 点的靶标暴露在阳光下，使棋盘格白色部分反射强，形成过曝，从而使棋盘格发生畸变（图 6-22），导致棋盘格单元在图像中发生分离，难以识别角点。但第六个（100m 处）为最远点，由于光照强度适中可以完整识别，因此可以得出 35～100m 范围内仅拍摄一次，就可以进行全局监测的结论，即最远对焦距离为 100m 时，景深至少可达 65m。

图 6-21　调整曝光时间后的识别结果

图 6-22　光照造成的靶标图案畸变

根据以上实验结果，可以推算出 0～100m 观测范围内，使用本书的方法仅需拍摄三次。

通过上述五组实验结果综合推算出本书使用的自主研发亿级像素光场相机的有效工作距离范围与最远对焦距离的关系如图 6-23 所示。

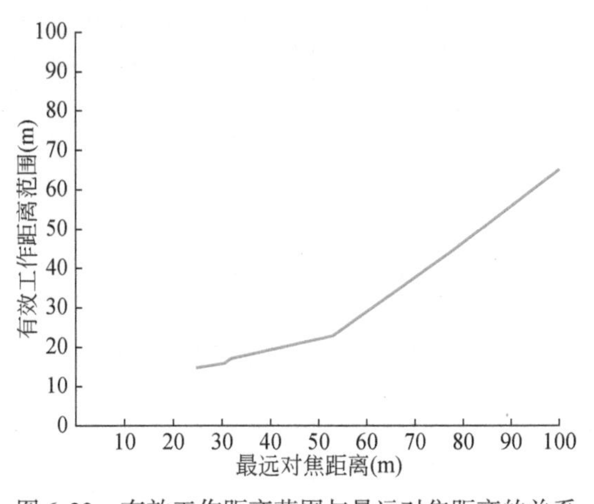

图 6-23　有效工作距离范围与最远对焦距离的关系

由图可知对焦距离与有效工作范围所具有的相关性，观察图像发现有效工作范围与最远对焦距离呈指数型相关。因此，使用指数函数拟合该曲线，可得有效工作范围与最远对焦距离的函数关系为 $g(d) = 8.772\ e^{0.02009d}$。拟合曲线如图 6-24 所示。

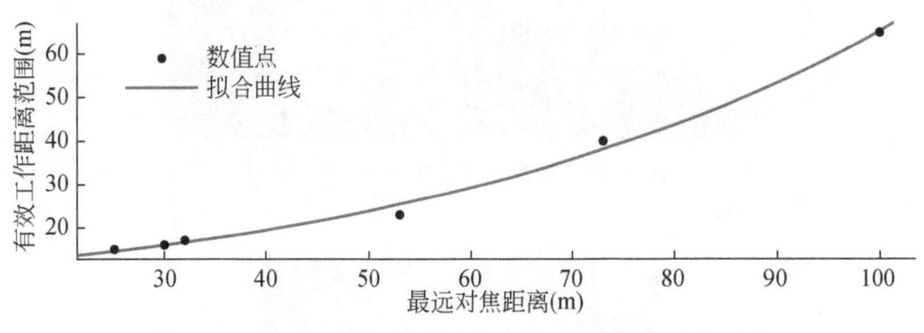

图 6-24　有效工作距离范围与最远对焦距离拟合函数

(2) 靶标大小和观测距离与精度

第一、二、三组实验分别使用了三种尺寸的棋盘格靶标，对比其实验结果可知靶标的大小对于检测精度的影响。对焦在不同靶标上拍摄的光场数据，经全聚焦图像渲染、靶标角点识别后，将移动前后所得的角点坐标按照第一节所述方法计算检测到的位移量，其精度结果如表 6-1 ~ 表 6-3 所示。

以下结果使用每个靶标的角点拟合点作为该靶标定位点的方法，进行位移解算。表 6-1、表 6-2、表 6-3 分别为使用 9×13、7×10、5×7 的棋盘格靶标进行实验的结果。

表 6-1　9×13 棋盘格靶标观测点位移检测误差

点号	距离（m）	分辨率（mm/像素）	检测值（mm）	真实位移（mm）	误差（mm）
1	17.586	0.65	59.3	30	29.3
2	32.689	1.25	46.6	30	16.6
3	47.003	1.82	62.0	30	12.0
4	59.848	2.31	13.3	0	13.3
5	73.427	2.82	15.7	0	15.7

表 6-2　7×10 棋盘格靶标观测点位移检测误差

点号	距离（m）	分辨率（mm/像素）	检测值（mm）	真实位移（mm）	误差（mm）
1	30.52	1.2	89.9	90	-0.1

续表

点号	距离（m）	分辨率（mm/像素）	检测值（mm）	真实位移（mm）	误差（mm）
2	39.54	1.6	90.9	90	0.9
3	46.53	1.8	85.0	90	-5
4	53.37	2.1	105.6	110	-4.4

表 6-3　5×7 棋盘格靶标观测点位移检测误差

点号	距离（m）	分辨率（mm/像素）	检测值（mm）	真实位移（mm）	误差（mm）
1	53.37	2.1	-111	-110	-1
2	60.65	2.4	2.9	0	2.9
3	65.9	2.6	47.8	40	7.8
4	72.88	2.9	-40.0	-40	0
5	80.17	3.15	-64.9	-70	-5.1
6	87.72	3.4	103.3	100	3.3

其中，位移值为正代表向右移动值，位移值为负代表向左移动值。

根据上述结果可以得到由靶标大小、观测距离与检测误差的关系如图 6-25 所示。

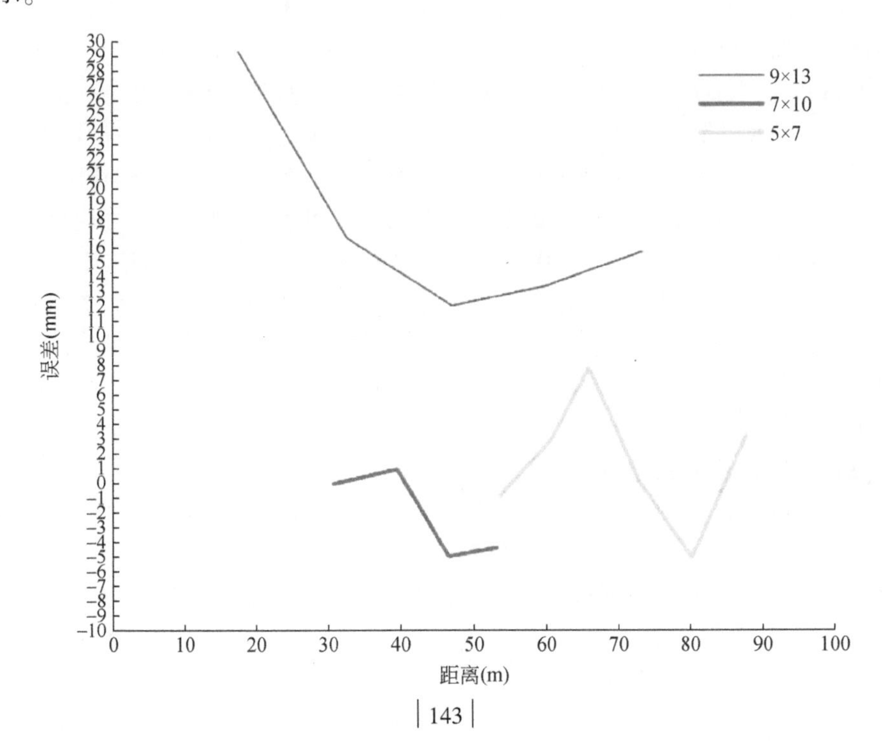

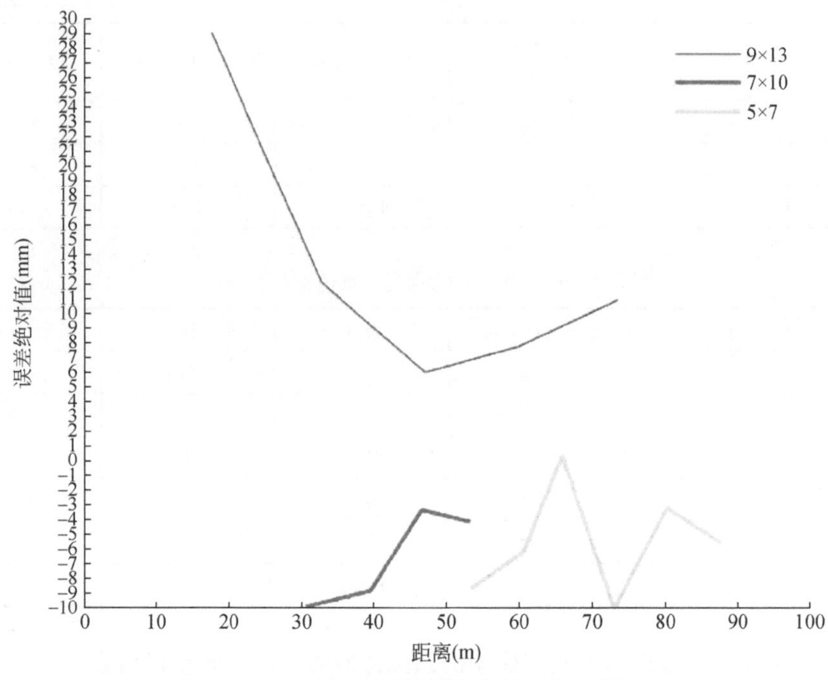

图 6-25　靶标大小、观测距离与检测误差的关系

根据上图误差绝对值的结果可知：①在相同观测距离条件下，棋盘格单元的大小越大，监测位移的误差值越小。②使用 9×13 的小单元棋盘格靶标在观测距离为 30m 以上时误差大于 1cm，而 7×10 和 5×7 的靶标测量误差均在 1cm 以下，部分观测点精度达到毫米级。③按同一靶标来看，误差在观测距离范围内上下波动，并不成正相关，误差不随距离的增加而增大。也就是说，在聚焦清晰的有效工作范围内，误差是在一个固定的值周围波动的。由图可知，9×13 棋盘格的误差在 1. 3cm 周围上下波动，7×10 与 5×7 棋盘格的误差在 0. 3cm 周围上下波动。④对于同一观测距离的不同大小的靶标，如 53m 处使用的 7×10 与 5×7 棋盘格，比较两次实验求得位移可知，5×7 的大尺寸棋盘格具有更高的精度，因此在远距离测量中，靶标越大成像越清晰，监测效果也越好。从总体精度上来看，大靶标的监测精度要高于小靶标。

(3) 位移计算方式与精度

以上精度的计算方法采取的都是第一节中位移计算的第一种方法，即靶标拟合点位移解算。为了探究不同的位移解算方法对于最终结果的精度影响，使用第一组和第二组实验数据进行了拟合点解算与逐点解算两种计算方法的对比（表 6-4）。

表 6-4 逐点检测误差 （单位：cm）

0.11	0.11	0.01	0.10	0.01	0.11	−0.05	0.05	−0.02
0.01	0.05	−0.05	0.01	0.01	−0.03	−0.04	−0.01	−0.06
0.09	0.06	0.01	0.03	−0.08	−0.03	−0.05	−0.05	−0.07
0.04	0.10	0.02	0.04	−0.04	−0.01	−0.11	0.01	−0.11
0.03	0.06	0.012	0.03	−0.09	0.01	−0.12	−0.09	−0.13
0.03	−0.02	0.01	−0.01	−0.09	−0.05	−0.10	−0.05	−0.13

其中，误差最大值为 0.13cm，误差中值为 0.048cm，均大于拟合点误差值，因此选择拟合点方法来计算位移变化值的精度更高。单点误差与平均误差之间的差值小于 30m 处的空间分辨率，因此，引起各角点计算结果差异的原因为角点检测算法中亚像素细化时产生的微小差异，而非位移计算方法导致。而由于随距离的增加，空间分辨率逐渐降低，远距离的形变监测需要更高精度的亚像素角点检测结果才能满足其要求。

（4）系统误差与精度

由实验二的精度结果可知，在 60m 处靶标未移动，但计算结果产生了 0.29cm 的位移。在保证整个光场成像系统保持不动的条件下，连续拍摄两张照片，用于解算成像系统带来的误差。对两张图像中的同一靶标拟合点位置相减并换算到实际空间距离即可得到系统误差。

对于实验二中采集的数据的 6 个靶标拟合点位置分别进行系统误差计算，再计算每张图像中 6 个靶标拟合点的相对位置，用于判断该位移是否属于系统误差。这是由于若图像上的几个点的相对位置没有发生变化，但两张图像中所有同名点都发生了相当的位移，则可以证明这个位移是由整体成像系统导致的。若这几个点在同一张图像上的相对位置发生变化，则每个点各自的位移不完全是由系统误差导致的，而可能是由于靶标成像畸变等原因。实验二的靶标拟合点位移与相对位置的计算结果如表 6-5 所示。

表 6-5 实验二靶标拟合点位移与相对位置 （单位：cm）

点号	横坐标 1	纵坐标 1	横坐标 2	纵坐标 2	横坐标差	纵坐标差
1	2363.104	491.353	444.73	519.65	0.52	−1.53
2	2122.332	509.111	1104.71	521.9	0.334	−1.58
3	1950.401	557.232	1639.78	502.54	0.526	−1.408
4	1640.306	501.132	1949.98	558.69	0.421	−1.458

续表

点号	横坐标 1	纵坐标 1	横坐标 2	纵坐标 2	横坐标差	纵坐标差
5	1105.044	520.32	2121.94	510.63	0.392	-1.519
6	445.25	518.12	2362.52	492.74	0.584	-1.387

由上表可知，未移动靶标的情况下 6 个拟合点的横、纵坐标均发生了 0 ~ 2 个像素的位移，又可计算得到同一张图像上的 6 个拟合点之间的相对位置不存在变化（计算精确到整数个像素）。因此可以确定两张图像上产生的微小位移为成像系统的误差。

导致成像系统误差的原因有很多，可能是相机的抖动、计算过程中产生近似值的方式以及天气原因等。若能确定系统误差的量化值，将系统误差剔除，可以进一步提高位移检测的精度。经计算，上表中的系统误差（横向）在 0.1cm 左右，但受每次成像环境的变化影响，误差不一定相同，因此还需进一步研究系统误差的去除方法。

6.4 虚拟现实与光场

虚拟现实（virtual reality）头盔属于头戴显示设备（head mounted display，HMD）的一种。相比 3D 电影，虚拟现实头盔不仅能提供双目视差，还能提供移动视差，从而带来更丰富逼真的立体视觉体验。虚拟现实头盔主要利用准直放大透镜（collimating lens）将眼前的显示屏图像放大并拉远。如图 6-26 所示，虚拟

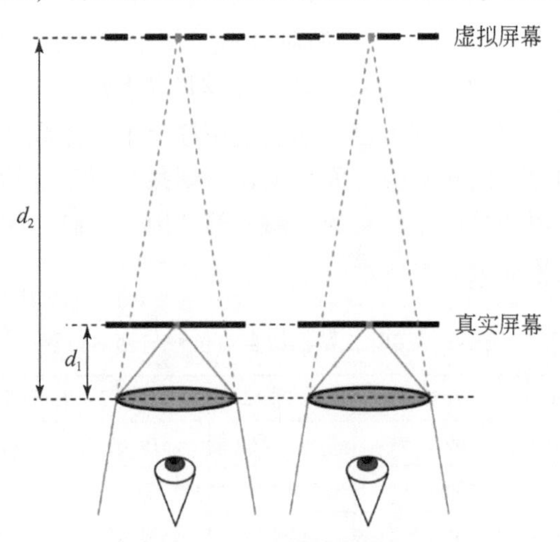

图 6-26　双目立体示意图

d_1 为观测位置到真实屏幕距离，d_2 为观测位置到虚拟屏幕距离

现实头盔的显示屏与透镜光心的距离略小于透镜焦距，屏幕上某一真实像素发出的光线经透镜折射进入人眼，沿着折射后光线的反向延长方向，人眼将感知到较远处的虚拟像素。同样的两套准直放大光学显示系统分别为左右眼提供不同的图像。

当人眼移动到不同的位置或旋转到不同的方向时，VR 头盔会提供不同视点的图像。仍然以观看演员为例，在 3D 电影院中无论观众移动到任何位置或旋转到任意方向，所看到的都是演员的同一个侧脸。而在 VR 中，随着观众的移动，可以看到演员的左侧脸、右侧脸、下巴等不同的视点。正是由于 VR 所提供的移动视差，使得观众从导演预先设定的观看视角中脱离出来，可以从自己喜欢的角度去观察。这是 VR 能够提供强烈沉浸感的主要原因之一。

那么 VR 头盔是不是就能在视觉上完美地重现真实三维世界呢？答案是：还差一个关键要素，那就是聚焦模糊。VR 头盔能同时提供双目视差和移动视差，但目前在售的 VR 头盔中都不能提供聚焦模糊（accommodation）。VR 头盔中使用的显示屏与主流手机使用的显示屏都属于液晶/有机激光显示器（LCD/OLED）范畴。举个例子，真实环境中人眼看到远处的高山和近处的人物是分别接收了从远近不同地方发出的光线，然而 VR 屏幕中出现的高山和人物都是从距离人眼相同距离的显示屏上发出的光线。无论人眼聚焦在“远处”的高山还是“近处”的人物，睫状肌都是处于相同的曲张程度，这与人眼观看实际风景时的聚焦模糊状态是不相符的。引起 VR 眩晕主要有两方面的原因：①运动感知与视觉感知之间的冲突。②视觉感知中双目视差与聚焦模糊之间的冲突。随着 VR 设备在屏幕刷新率的提高、移动端图像渲染帧率的提升、交互定位精度的提高以及万向跑步机和体感椅的出现，引起 VR 眩晕的第①方面原因已经得到大幅缓解。第②方面原因引起的 VR 眩晕才是当前亟待解决的主要问题。VR 头盔佩戴者始终聚焦在一个固定距离的虚拟屏幕上，而不能随着虚拟显示物体的远近重聚焦（refocus）。例如通过 VR 头盔观看远处的高山时，人眼通过双目视差感知到高山很远，但人眼并没有实际聚焦到那么远。类似的，当通过 VR 头盔观看近处的人物时，人眼仍然聚焦在虚拟屏幕上，与双目视差所呈现的人物距离不符。由于双目视差和聚焦模糊所呈现的远近距离不同，从而导致大脑产生深度感知冲突，进而引起视觉疲劳。这种现象在学术上称为 ACC（accommodation-convergence conflics，ACC）或者 AVC（accommodation-vergence conflics，AVC）。与此同时，目前 VR 头盔的成像平面为固定焦距，长期佩戴存在引起近视的潜在风险。如果希望 VR 取代手机成为下一代移动计算平台，首先就需要解决 VR 设备长时间安全使用的问题。目前来看，光场显示是解决这一问题的最佳方案之一。光场显示是 VR 穿戴设备和其他 VR 显示可能的终极解决方案，Magic Leap 在自己的 VR 头盔中率先使用了光场显示技术，使用的是所谓的光波导技术，只能进行两个聚焦平面的显示。也有以下 VR/AR 设备采用了机械变焦的方式，通过追踪人眼的活动，采用机械的方式自适应的移动现实屏幕，如 Oculus 的 Half DOME VR 眼镜。由于在穿戴设备中，屏幕移动的空间有限，采用机械调焦方式能够形成的聚焦面也是有限的。Creal 采用了基于视觉辐射调节原理，通过调节光线来实现焦距的自动调节，可是实现从零到无限远数百个深度的聚焦，克服了机械式变焦的缺点。当然，该显示方法也依赖对人眼的追踪和色彩、分辨率等显示质量的提高。

6.5 自动驾驶

技术突破正在加速整个汽车行业的变革，自动驾驶已成为汽车业未来的主要发展方向之一。那么，如此“高深莫测”的光场技术，在自动驾驶领域的优势究竟体现在哪些方面呢？如果把自动驾驶系统比作是一个人的话，当汽车有了眼睛和大脑，自动驾驶就能够真正实现。而自动驾驶汽车的眼睛，即感知传感器，是智能汽车自主行驶的基础和前提，是自动驾驶能够实现的第一步。感知传感器包括视觉传感器、激光传感器、雷达传感器等。其中的视觉传感器——摄像头，又分为单目视觉和双目（立体）视觉。然而，无论单目还是双目，传统的光学成像只能捕获到光辐射在二维平面上的投影强度，而丢失了其他维度的光学信息。这一信息维度的缺失导致传统光学成像在原理与应用上都存在不可调和的问题。区别于传统成像方式，光场成像是一种计算成像技术，对捕获的光场信息进行变换和积分等数据处理，来得到所需要的图像信息。这一成像技术不仅克服了传统光学成像在原理上的局限性，也降低了成像能力对于物理器件性能的依赖性。在空间内任意的角度、任意的位置都可以获得整个空间环境的真实信息，从而得到信息更全面、品质更好的图像。光场相机是视觉系统发展的革命性技术，在传统的视觉系统基础上，从基于平面信息的分析，全面转向直接基于空间计算的分析，开辟了新的领域和维度，是机器视觉的终极形态。对比各种技术在自动驾驶中的潜力如表 6-6 所示，对号表示能够完成，错号表示不能完成，感叹号表示效果有限。

激光采用了点采集的方式，离传感器越远，采用密度越小，同时，粉尘和水汽等物体也会对数据的采集效果带来影响。光场相机只需一次成像，既可获得道路、标识、周围环境的图像信息，又可获得图像的深度信息，无需二次标定和匹配，就能实现良好的图像分割效果；光场相机的图像处理为单帧全局深度提取，深度一致性高，可以使运动的影响降到最低；此外，光场相机采用大光圈大景深，在弱光环境下也能获取更好的图像效果、更大的深度范围和更高的远距离精

表 6-6　自动驾驶各种技术潜力对比

项目	光场	单目	双目	激光
车道检测	✓	✓	✓	!
车辆检测	✓	✓	✓	✓
信号灯识别	✓	✓	✓	✗
标识标牌	✓	✓	✓	✗
行人识别	✓	✓	✓	!
运动误差	✓	✗	!	!
匹配误差	✓	✓	✗	✗
雨雪雾	✓!	✗	!	!
弱光	!	✗	✗	✓
纯黑环境	✓	✗	✗	!
成本	✓	✓	!	✗

度，在同一个位置也能采集多个角度的光线，具有一定的透视能力和高光补偿能力；光场相机为一套静态的光学系统，结构稳定性强，获取的图像信息全局一致性强。这些优点使得光场相机在作为自动驾驶汽车的眼睛时，具备了其他视觉传感设备无法比拟的优势。利用光场相机把更全面、更高质量的视觉信息传送给汽车的“大脑”，自动驾驶的能力也会得到大幅度提高。另外值得一提的是，在进行批量使用时，只需单目作业的光场相机，其成本要远远低于双目、激光等其他感知传感设备。

参考文献

方璐，戴琼海．2020. 计算光场成像．光学学报，40（1）：3-24.

官瑞芬．2011. 探讨无人机低空遥感对于影像数据的获取与处理．中小企业管理与科技，（27）：295-296.

贾琦．2017. 基于光场相机的子孔径图像提取和人脸检测应用．太原：太原科技大学．

魏铼，胡顺强，陈诚，等．2017. 无人机模糊图像自动检测方法．地球信息科学学报，19（7）：962-971.

张玮．2015. 视频中人脸识别算法研究．南京：东南大学．

周志良．2012. 光场成像技术研究．合肥：中国科学技术大学．

Cakmakci O，Rolland J. 2006. Head- worn displays：a review. Journal of Display Technology，2（3）：199-216.

Cheng D，Wang Y，Hua H，et al. 2009. Design of an optical see-through headmounted display with a low f-number and large field of view using a free- form prism. Applied optics，48（14）：2655-2668.

Hoffman D M，Banks M S. 2010. Disparity scaling in the presence of accommodation- vergence conflict. Journal of Vision，7（9）：824.

Hoffman D M，Girshick A R，Akeley K，et al. 2008. Vergence-accommodation conflicts hinder visual performance and cause visual fatigue. Journal of Vision，8（33）：1-30.

Inoue T, Ohzu H. 1997. Accommodation responses to stereoscopic three-dimensional display, Applied optics, 36 (19): 4509-4515.

Mackenzie K J, Watt S J. 2010. Eliminating accommodation- convergence conflicts in stereoscopic displays: Can multiple-focal-plane displays elicit continuous and consistent vergence and accommodation responses? Proceedings of SPIE, the International Society for Optical Engineering, 7524: 1-10.

Ng R, Levoy M, Bredif M. 2005. Light field photography with a hand- held camera. Stanford Computer Science Tech Report CSTR, (2): 1-11.

Rugna J D, Konik H. 2003. Automatic blur detection for meta- data extraction in content- based retrieval context. Proceedings of SPIE-The International Society for Optical Engineering, 12: 1-10.

Takaki Y. 2006. Generation of natural three-dimensional image by directional display: Solving accommodation-vergence conflict. Ieice Technical Report Electronic Information Displays, 106: 21-26.

Vienne C, Sorin L, Blondé L, et al. 2014. Effect of the accommodation- vergence conflict on vergence eye movements. Vision Research, 100: 124-133.